设计公开课

室内设计

色彩搭配速查图解

程蓉洁 等编著

机械工业出版社

CHINA MACHINE PRESS

在营造不同室内环境氛围时，色彩是造型美感的一种很重要的手段，常常起到丰富造型，突出功能的作用，并能充分表达室内不同的气氛和性格，也能体现居住者的情操。本书从色彩的基本知识出发，联系色彩与空间的关系，逐步深入到不同风格与使用人群的色彩需求，结合案例分析不同的家居色彩，给予读者一条科学系统的学习规律，并通过图解的形式，给予读者更直观的感受，便于理解。本书适合室内设计师、室内软装设计师、配色师等专业技术人员阅读，也适合从事室内色彩搭配自由从业人员使用，同时也是高等院校艺术设计专业师生必备的参考读物。

图书在版编目（CIP）数据

室内设计色彩搭配速查图解 / 程蓉洁等编著. —北京 : 机械工业出版社，2018.12

（设计公开课）

ISBN 978-7-111-61860-7

Ⅰ.①室⋯　Ⅱ.①程⋯　Ⅲ.①室内装饰设计—色彩—图解

Ⅳ.①TU238.2-64

中国版本图书馆CIP数据核字（2019）第012815号

机械工业出版社（北京市百万庄大街22号　邮政编码100037）

策划编辑：宋晓磊　　责任编辑：宋晓磊　范秋涛

责任校对：张　征　　封面设计：鞠　杨

责任印制：张　博

北京东方宝隆印刷有限公司印刷

2019年5月第1版第1次印刷

184mm×260mm・11印张・269千字

标准书号：ISBN 978-7-111-61860-7

定价：59.00元

前　言

　　在室内设计中，色彩、形体和质地构成了室内设计的三要素。其中色彩是最具有创造性和活力的要素。室内设计所使用的色彩影响室内空间，包括舒适、环境氛围、使用效率、对人的心理感受等方面。

　　不同的室内环境在运用色彩艺术时，往往受环境空间使用功能的影响，恰当地使用色彩进行室内设计，才能使设计的环境空间达到实用性与装饰性的完美统一。色彩相较于形状而言更能引起人的视觉反应，不仅如此，它还直接影响人们的情绪和心理。视觉在人体的各种知觉中，具有相当重要的作用，眼睛通过光的作用在物体上造成色彩才能获得印象，87%的外来信息都是依靠人的眼睛获取的。所以，色彩具有唤起人第一视觉的作用。不同的色彩可以营造出不同的环境气氛，进而会影响其他视知觉的印象。所以有经验的室内设计师都十分重视色彩对人的生理和心理的作用，并在室内设计中创造出富有个性、层次和美感的空间环境。学习和掌握色彩的基本规律，并在设计中加以恰当的运用，是十分必要的。

　　现代室内设计要求室内空间不仅能够满足现代人合理实用的居住功能，还要满足审美需求，提供舒适的服务，实现环境气氛的和谐，使空间更富人性化、个性化。色彩是室内设计中最具表现力和感染力的因素，它通过人们的视觉感受产生一系列的生理、心理和类似物理的效应，形成丰富的联想、深刻的寓意和象征。同时，色彩是室内设计最容易出效果的要素，也是造价较低廉和方便施工的室内要素。人们可根据个人喜好和审美情趣，充分运用各种色彩来创造个性化的室内空间。色彩在室内设计中的作用是举足轻重的，它会使人产生各种各样的情绪和视觉感受，是确定室内氛围最直接的手段。色彩在室内设计中应用得正确与否，直接影响生活质量与工作效率。因此色彩在室内设计中的作用显然是不容忽视的。

　　本书由湖北第二师范学院艺术学院视觉传达系程蓉洁副教授等编著，书中图片资料由同行、同事、学生无私提供，经过严格筛选以后才与读者见面，在此表示衷心的感谢。参与本书编写或提供图片的同仁如下：牟思杭、刘惠芳、刘敏、李吉章、李建华、李钦、胡爱萍、高宏杰、付士苔、邓世超、程媛媛、陈庆伟、边塞、戈必桥、曹洪涛、柯举、余文晰、张弦、闸西、王月然、王宏民、阮伟平、陈逢华、刘同平、李敏、汤留泉。

编者

目 录

前言

第1章
色彩基础

识读难度：★ ★ ★ ☆ ☆

核心概念：**基本属性、四角色、色相型、色调型、空间**

章节导读：

　　色彩是光的特性的延伸，色彩是在色光、物体、视觉感官三者之间极其复杂的关系下产生的一种物理现象。从美术的角度出发，色彩是一门独立的艺术，具有独立的艺术审美性。色彩使万物生机勃勃，不同的色彩有着不同的启示作用和暗示力，给人以不同的内心感受。在学习室内设计色彩搭配之前，我们首先要了解什么是色彩。因为色彩作为一个重要的设计要素，是无可替代的信息传达方式和最富有吸引力的设计手段之一，只有了解了色彩的基本知识才可以学习和掌握室内设计色彩搭配的规律。

1.1 色彩与室内设计

1.色彩的认识与发展

人类对色彩的感知同历史发展是一样的，是一个相当漫长的过程，而人们有意识地应用色彩则是从原始人用固体或液体颜料涂抹面部与躯干开始的。从广义上讲，色彩是指波长在380～780nm之间的可见光在人的大脑中形成的色彩印象和判断，它包含了一切我们能感知到的色彩现象——色光色与颜料色。

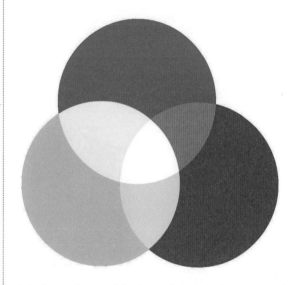

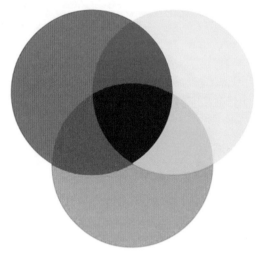

↑色光三原色，又称加法三原色，由红光、绿光、蓝光三种光色构成，三种等量混合可以获得白色，应用在电视机、计算机等影视图像显示。

↑颜料三原色，又称减法三原色，由品红、黄、蓝三种颜色组成，可以混合出所有的颜色，等量相加则为黑色。从狭义上讲，色彩主要是指颜料色。

2.室内设计的发展

（1）室内设计

室内设计是根据建筑物的使用性质、所处环境和相应标准，运用物质技术手段和建筑设计原理，创造功能合理、舒适优美且满足人们物质和精神生活需要的室内环境。

室内设计泛指能够实际在室内建立的任何相关物件，包括墙、窗户、窗帘、门、表面处理、材质、灯光、空调、水电、环境控制系统、视听设备、家具与装饰品的规划。

室内设计由空间、色彩、光影、建筑构件、陈设以及绿化六大要素构成。

基本概念

空间要素。空间的合理化并给人们以美的感受是设计基本的任务。要勇于探索时代、技术赋于空间的新形象，不要拘泥于过去形成的空间形象

色彩要素。室内色彩除对视觉环境产生影响外，还直接影响人们的情绪、心理。科学的用色有利于工作，有助于健康。色彩处理得当既能符合功能要求又能取得美的效果。室内色彩除了必须遵守一般的色彩规律外，还随着时代审美观的变化而有所不同

↑室内设计构成要素

光影要素。人类喜爱大自然的美景，常常把阳光直接引入室内，以消除室内的黑暗感和封闭感，特别是顶光和柔和的散射光，使室内空间更为亲切自然。光影的变换，使室内更加多彩，给人多种感受

建筑构件要素。室内整体空间中不可缺少的建筑构件，如柱子、墙面等，结合功能需要加以装饰，可共同构成完美的室内环境。充分利用不同装饰材料的质地特征，可以获得千变万化的室内艺术效果

陈设要素。室内家具、地毯、窗帘等，均为生活必需品，其造型往往具有陈设特征，大多数起着装饰作用。实用和装饰二者应互相协调，要求功能和形式统一而有变化，使室内空间舒适得体有个性

绿化要素。室内设计中绿化成为改善室内环境的重要手段。室内移花栽木，利用绿化和小品以沟通室内外环境、扩大室内空间感及美化空间均起着积极作用

纵观室内设计所从事的工作，其包括了艺术和技术两个方面。室内设计就是为特定的室内环境提供整体的、富有创造性的解决方案，它包括概念设计、运用美学和技术上的办法以达到预期的效果。"特定的室内环境"是指一个特殊的、有特定目的和用途的成形空间。简单地说，室内设计就是对建筑物内部空间的围合面以及内含物进行研究设计。

（2）室内设计发展

人类文明几千年历史中，色彩设计以其独特的风姿傲立于世界建筑史中，从一定程度上影响了世界建筑的发展。

公元前古埃及贵族宅邸的遗址中，抹灰墙上绘有彩色竖直条纹，地上铺有草编织物，配有各类家具和生活用品。古希腊和古罗马在建筑艺术和室内装饰方面已发展到很高的水平。古希腊雅典卫城帕提农神庙的柱廊，起到室内外空间过渡的作用，精心推敲的尺度、比例和石材性能的合理运用，形成了梁、柱、枋的构成体系和具有个性的各类柱式。

15世纪初期，展开了古希腊、古罗马文化的复兴运动，提倡人文主义，使建筑、雕刻、绘画等艺术取得了辉煌的成绩。室内装饰在古希腊和古罗马风格的基础上加上东方和哥特式的装饰形式，采用新的表现手法，把建筑、雕刻、绘画紧密结合，创造出既有稳健气势又华丽高雅的室内装饰效果。17世纪中期，逐渐演变为巴洛克风格，它的形式以浪漫主义精神为基础，在构思上和古典主义的端庄、高雅、静态、理智针锋相对，倾向于热情、华丽姿态的美感。

18世纪后期工业革命的到来，人们追求单纯简洁、轻巧可爱的室内装饰设计，主张室内装饰和建筑本身分开。19世纪晚期，在比利时布鲁塞尔和法国的一些地区出现了新艺术运动，其目的主要是解决建筑和工艺品的艺术风格问题。

1919年在德国创建的包豪斯学派，摒弃因循守旧，倡导重视功能，推进现代工艺技术和新型材料的运用，在建筑和室内设计方面，提出与工业社会相适应的新观念。20世纪30年代，柯布西耶提倡"机械美学"（又称为功能主义或国际风格）。20世纪50年代末，开创了保护和修复古建筑的浪潮。20世纪60年代，摩尔和文丘里走上了一条大胆的探索之路，即后现代派装饰新浪潮。

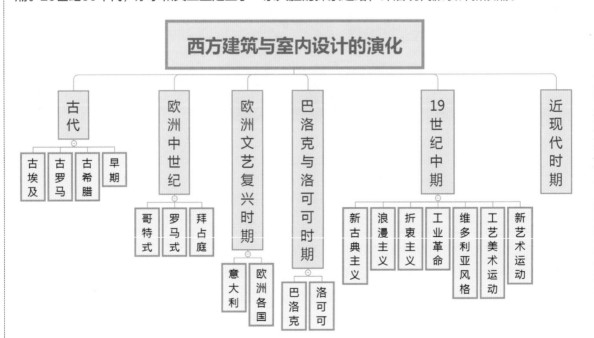

↑ 西方建筑与室内设计的演化概括

3.色彩在室内设计中的发展

　　色彩作为室内环境的主体要素,是室内环境设计中的重要手段。色彩决定了空间的审美和个性,是人类精神追求的一种形式。室内设计色彩与室内的空间界面以及材料、质地紧密地联系在一起,是室内空间色彩要素的综合反映。

　　在生活中,色彩有着审美作用,能够对室内空间以及室内环境氛围进行调节,色彩作用于人的心理和生理,对人的情绪产生影响,甚至会对人的行为以及生产活动产生影响。优秀的室内设计色彩不仅能够改善空间效果,还能提高人们的日常活动效率。

第1章 色彩基础
第2章 空间色彩的调整与运用
第3章 色彩印象
第4章 色彩搭配与使用人群
第5章 不同风格的色彩搭配
第6章 住宅空间配色案例
第7章 公共空间配色案例
第8章 成功空间配色方式

室内设计中的色彩

调节空间	调节心理	展示个性	调节室内光线	调节室内温感
运用色彩的物理效应能够改变室内空间的面积或体积的视觉感,改善空间实体的不良形象的尺度	室内色彩要根据使用者的性格、年龄、性别、文化程度和社会阅历等,设计出各自适合的色彩,才能满足视觉和精神上的需求,还要根据各个房间的使用功能进行合理配色,以调整心理的平衡	色彩可以体现一个人的个性,一般来讲,性格开朗、热情的人,室内选择的应是暖色调;性格内向、平静的人,选择冷色调。喜欢浅色调的人多半直率开朗;喜欢暗色调、灰色调的人多半深沉含蓄	室内色彩可以调节室内光线的强弱。因为各种色彩都有不同的反射率,如白色的反射率为70%~90%,灰色在10%~70%,黑色在10%以下,根据不同房间的采光要求,适当地选用反射率低的色彩或反射率高的色彩来调节进光量	气候温度的感觉随着不同颜色搭配方式而不同。色彩在设计过程中采用不同的色彩方案主要是为了改变人对室内温度的感受。季节和地域的气候是循环变化的,因此要因地制宜根据所在地区的常态来选择合适的色彩方案

↑ 室内设计色彩的功能

　　人的一生有相当长的时间是在室内度过的,色彩设计的好坏,决定着整个室内环境空间设计的优劣,进而影响到人们的生产生活。随着我国经济社会的发展与改革开放的继续,人们的眼界逐渐拓宽,对生存和消费环境的要求也越来越高。

　　目前,观念的更新、装饰材料种类的不断增多,室内设计行业兴起并成为一门独立的专业技术,使得室内环境的色彩得到了极大丰富和发展,设计师需要关注的色彩知识越来越丰富,需要系统的理论知识来指导。

1.2 色彩的基本属性

1.色相

色相与色相环是紧密结合在一起的概念。

色相，即红、橙、黄、绿、青、蓝、紫等各种颜色的相貌称谓。色相是色彩的首要特征，是区别各种不同色彩的最准确的标准。除了黑、白、灰之外，任何颜色都有色相的属性。色相是由原色、间色和复色构成的。

色相环是一种圆形排列的色相光谱，色彩是按照光谱在自然中出现的顺序（光谱顺序：红、橙红、橙、黄橙、黄、黄绿、绿、绿蓝、蓝绿、蓝、蓝紫、紫）来排列的。暖色位于包含红色和黄色在内的半圆之内，冷色则在包含在蓝绿色和紫色的半圆内，互补色则出现在彼此相对的位置上。

常见的色相环分为12色与24色。

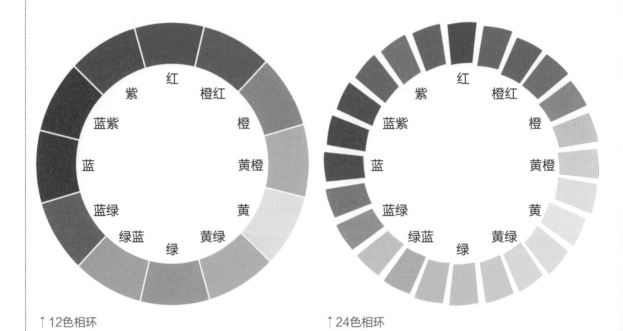

↑12色相环　　　　　　　　　↑24色相环

🪣 **图解**小贴士

原色、间色和复色

1）原色。红、黄、蓝三种颜色无法用其他任何颜色调配而成，故称为原色。

2）间色。两种原色相混合所产生的颜色，如橙、绿、紫（红＋黄＝橙、黄＋蓝＝绿、红＋蓝＝紫）。

3）复色。由三种原色或两种间色按不同比例混合可调配出来的各种不同颜色。如蓝灰、黄灰、绿灰等。

第1章 色彩基础

第2章 空间色彩的调整与运用

第3章 色彩印象

第4章 色彩搭配与使用人群

第5章 不同风格的色彩搭配

第6章 住宅空间配色案例

第7章 公共空间配色案例

第8章 成功空间配色万式

　　色彩可以分为有彩色和无彩色，色相环中的色彩就属于有彩色。无彩色就是黑与白以及不同程度的灰。无彩色可以与任一颜色搭配。

↑黑、白与不同程度的灰都属于无彩色。

（1）色相对比

　　色相环上任何两种颜色或多种颜色并置在一起时，在比较中呈现色相的差异，从而形成的对比现象，称为色相对比。根据色相对比的强弱可分为：同一色相对比在色相环上的色相距离角度是0°；邻近色相在色相环上相距15°～30°；类似色相对比在60°以内；中差色相对比在90°以内；对比色相是120°以内；补色相对比在180°以内；全彩色对比范围包括360°色相环。任何一个色相都可以自为主色，组成同类、邻近、对比或互补色相对比。

对比参数

↑同类色相对比。同类色相对比是同一色相里的不同明度与纯度色彩的对比。这种色相的统一，不但不是各种色相的对比因素，而是色相调和的因素，也是把对比中的各色统一起来的纽带。因此，这样的色相对比，色相感就显得单纯、柔和、协调，无论总的色相倾向是否鲜明，调子都很容易统一调和。这种对比方法比较容易为初学者掌握。仅仅改变一下色相，就会使总色调改观。这类调子和稍强的色相对比调子结合在一起时，则感到高雅、文静，相反则感到单调、平淡而无力。

↑邻近色相对比。邻近色相对比的色相感，要比同类色相对比明显些、丰富些、活泼些，可稍稍弥补同类色相对比的不足，但是不能保持统一、协调、单纯、雅致、柔和、耐看等优点。当几种类型的色相对比的色放在一起时，同类色相及邻近色相对比，均能保持其明确的色相倾向与统一的色相特征。这种效果则显得更鲜明，更完整，更容易被看见。这时，色调的冷暖特征及其感增效果就显得更有力量。对比将在冷暖对比一节里再做详述。

↑对比色相对比。对比色相对比的色相感，要比邻近色相对比鲜明、强烈、饱满、丰富，容易使人兴奋激动和造成视觉以及精神的疲劳。这类调子的组织比较复杂，统一的工作也比较难做。它不容易单调，而容易产生杂乱和过分刺激，造成倾向性不强，缺乏鲜明的个性。

↑互补色相对比。互补色相对比的色相感，要比对比色相对比更完整、更丰富、更强烈，更富有刺激性。对比色相对比会觉得单调、不能适应视觉的全色相刺激的习惯要求，互补色相对比就能满足这一要求，但它的短处是不安定、不协调、过分刺激，有一种幼稚、原始的和粗俗的感觉。要把互补色相对比组织得倾向鲜明、统一与调和。

↑地板、餐桌以及窗帘属于大面积的邻近色对比，具有统一、和谐、舒适的视觉效果，同时，白色的搭配也减轻了视觉上的沉闷感。

↑浅蓝色与深蓝色为同类色对比，塑造出和谐、统一的视觉效果，红色和蓝色为对比色，提高了空间内的活跃感。大面积采用蓝色，小面积采用红色，能够更好地缓解刺激感，避免视觉及精神疲劳。

（2）暖色、冷色与无彩色

对于大多数非专业人士来说，用色相分类来建立色彩印象是比较困难的，更多时候，选择用冷色和暖色来区分，这样通过冷色或暖色来作为基调很容易掌握整体的环境氛围，不易出错。

色相环上所有的色彩中，绿色与紫红色属于中性色，中性色左侧的为冷色，右侧的为暖色。黑、白、灰属于无彩色，可以与色相环上的任何颜色相调配。

色彩的冷暖是室内设计的重要依据。

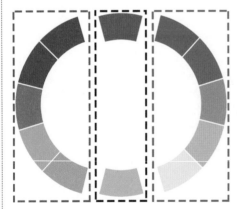

↑色相环冷暖。暖色位于包含红色和黄色在内的半圆之内，冷色则在包含蓝绿色和紫色的半圆内，互补色则出现在彼此相对的位置上。

↑暖色调的配色。红色的地毯，浅黄色的墙面与原木色的地板，形成了强烈的对比，加以米色系的床具和家纺，塑造出了温馨的氛围。

↑冷色调的配色。以深蓝色为主色，搭配了深绿色与浅褐色，并以白色作为背景色，体现出高雅、清爽的空间氛围。同时，小面积的褐色平衡了空间的冷暖。

↑无彩色的配色。无彩色拥有强大的容纳力，它们可以与任何色调进行搭配，无彩色搭配可以烘托出强烈的时尚感，个性且经典。

2.明度

　　色彩明度是指色彩的亮度或明度，即我们常说的明与暗。颜色有深浅、明暗的变化。色彩的明度变化有三种情况：一是不同色相间的明度变化，例如，在没有调配过的原色中，黄色的明度最高、紫色的明度最低。二是在同一颜色中，加入白色则明度升高，加入黑色则明度变暗，但同时这种颜色的饱和度（纯度）就会降低。三是在相同颜色的情况下，因光线照射的强度会产生不同的明暗变化。在无彩色中，白色明度最高，黑色明度最低。在有彩色中，黄色明度最高、蓝紫色明度最低。亮度具有较强的对比性，它的明暗关系只有在对比中才能显现出来。

↑加入不同程度白色的色彩变化

↑加入不同程度黑色的色彩变化

↑明度低的沙发，给人厚重结实的视觉效果，显得有档次感。

↑明度高的沙发，给人轻盈纯洁的视觉效果，显得雅致平和。

第1章　色彩基础

第2章　空间色彩的调整与运用

第3章　色彩印象

第4章　色彩搭配与使用人群

第5章　不同风格的色彩搭配

第6章　住宅空间配色案例

第7章　公共空间配色案例

第8章　成功空间配色方式

　　高明度的色彩让人感到活泼、轻快，低明度的色彩则会给人沉稳、厚重的感觉。明度差较小的色彩搭配在一起，可以塑造出优雅、自然的空间氛围，使人感到温馨、舒适。明度差较大的色彩搭配在一起，则会产生活力、明快的空间氛围。人眼对明度的对比最敏感，明度对比对视觉影响力也最大、最基本。将不同明度的两个色并置在一起时，便会产生明的更明、暗的更暗的色彩现象。

↑明度差异较大的不同色彩搭配在一起更具备视觉冲击力，活力十足具有动感。

↑黄色属于高明度的色彩，与灰色、灰蓝色搭配在一起，给人十分明快的感觉。

↑明度差异中等，稳健。

↑明度差异小，高雅。

↑明度差异大，明快。

↑纯净

↑甜美

↑温暖

↑浓厚

↑力量

↑传统

　　在色差较大的情况下，若明度能够靠近，那么整体的配色会给人安定、平稳的感觉。明度差过小，且色相也相差很小的配色，会使得整个空间过于平稳，长久接触会使人乏味。可以通过增大色相差来避免色彩的单调。要学会明度差和色彩差的综合运用，如果明度差过大，则减小色相差，避免过于凸显导致的混乱。

↑强烈的明度对比。过于强烈的等面积明度对比会产生非常刺激的视觉效果，短期接触或耳目一新，若是长期接触则会产生心理负担，进而影响到生理。

3.纯度

纯度就是指色彩的鲜艳度。从科学的角度看，一种颜色的鲜艳度取决于这一色相发射光的单一程度。人的肉眼能辨别的有单色光特征的色，都具有一定的鲜艳度。不同的色相不仅明度不同，纯度也不相同，越鲜艳的颜色纯度越高。纯度的强弱是指色相的感觉明确或含糊的程度，高纯度的颜色加入无彩色，不论是提高明度还是降低明度，都会降低它们的纯度。

↑高纯度的色彩　　　　　　　　　　　↑低纯度的色彩

在色相环上，相邻两色的混合，纯度基本不变，例如，红色与黄色混合为橙色。补色相混合，最容易降低纯度。纯度降到最低，就成为无彩色，即黑、白、灰。任何一种鲜明的颜色，只要将它的纯度稍稍降低，就会表现出不同的相貌与品格。例如，黄色的纯度变化，纯黄色是非常夺目且强有力的色彩，但只要稍稍掺入一点灰色或者它的补色紫，黄色的彩度就会减弱。纯度的变化也会引起色相性质的偏离。如果黄色里混入更多的灰色或紫色，黄色就会明显地产生变化，变得极其柔和，但同时也失去光辉。

↑高纯度的配色给人充满活力和热情的感受，能够让人感到兴奋。　　　↑低纯度的配色给人素雅、安宁的感受，具有低调感。

↑动感　　　　　　　　↑活力　　　　　　　　↑现代

↑朴素　　　　　　　　↑淡雅　　　　　　　　↑清爽

第1章 色彩基础
第2章 空间色彩的调整与运用
第3章 色彩印象
第4章 色彩搭配与使用人群
第5章 不同风格的色彩搭配
第6章 住宅空间配色案例
第7章 公共空间配色案例
第8章 成功空间配色方式

高纯度的色彩，会给人活泼、鲜艳之感，低纯度的色彩，则会有素雅、宁静之感。如果将几种颜色进行组合，那么，纯度差异大的组合方式可以达到极为艳丽的效果，而纯度差异小的组合方式会产生宁静素雅的效果，但是纯度差异小的组合方式非常容易出现灰、粉、脏的视觉感受。

↑纯度差异大，视觉效果饱满。　　　　　　↑纯度差异小，给人稳定感，但容易缺少变化。

 图解小贴士

降低色彩纯度的方法

1) 加入无彩色，即黑、白、灰。纯色混合白色可以降低其纯度，提高明度，同时色彩会变冷。各色混合白色以后会产生色相偏差，色彩感觉更加柔和、轻盈、明亮。纯色混合黑色，则会既降低纯度，又降低明度，同时色彩会变暖。各色加黑色以后，会失去原来的光亮感，变得沉稳、安定、深沉。加入中性灰色，则会使得色相变得浑浊，相同明度的纯色与灰色相混后，可以得到不含明度和色相变化的不同纯度的含灰色，具有软弱和柔和的特点。

2) 加入颜色的补色。加入互补色就等于加入深灰色，因为三原色相混得深灰色，而一种色彩如果加它的补色，而其补色正是其他两种原色相混所得的间色，所以也就等于三原色相加。

3) 加入其他色。一个纯色加入其他任何有彩色，会使本身的纯度、明度、色相同时发生变化。同时，混入有彩色自身面貌特征也发生变化。

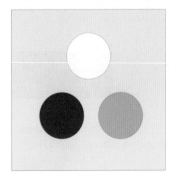
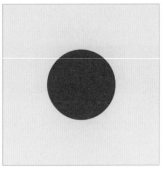
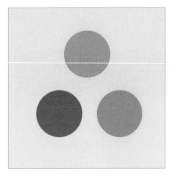

↑加入无彩色　　　　　　↑加入颜色的补色　　　　　　↑加入其他色

1.3　室内空间的四角色

1.背景色

在室内空间中占据最大面积的色彩被称为背景色。背景色多是由墙面、顶棚、地面组成，因而背景色引领着整个室内空间的基本格调，奠定了室内空间的基本风格和色彩印象。

背景色的面积较大，因此多采用柔和的色调，阴暗或浓烈的颜色不宜大面积使用，可用在重点墙面上。长期处于阴暗或浓烈的室内空间的氛围中，会对人的生理和心理产生负面影响。

在同一室内空间中，家具颜色不变，更换背景色就可以改变室内空间的整体色彩感觉。在墙面、顶棚、地面这三个界面中，因为墙面处于人的水平视野，占据了绝大多数的目光，是最引人注意的地方，所以，改变墙面的色彩会直接改变室内空间的色彩感觉。

背景配色

↑深色的背景色给人浓郁、华丽的空间氛围。

↑高纯度的背景色给人热烈、刺激的空间氛围。

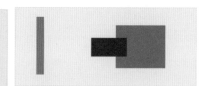

↑淡雅的背景色会带给人舒适、柔和的空间氛围。

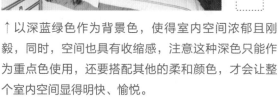

↑以深蓝绿色作为背景色，使得室内空间浓郁且刚毅，同时，空间也具有收缩感，注意这种深色只能作为重点色使用，还要搭配其他的柔和颜色，才会让整个室内空间显得明快、愉悦。

↑以浅米黄色作为背景色，使得室内空间舒适且柔和，给人和谐放松的感觉，适合大面积使用。

第1章　色彩基础

第2章　空间色彩的调整与运用

第3章　色彩印象

第4章　色彩搭配与使用人群

第5章　不同风格的色彩搭配

第6章　住宅空间配色案例

第7章　公共空间配色案例

第8章　成功空间配色方式

2.主角色

主角色通常是指在室内空间中的大型家具、大面积织物或陈设，如沙发、床、餐桌等。它们是空间中的主要组成部分，占据视觉中心，主角色可以引导整个空间的风格走向。

↑大面积的为背景色

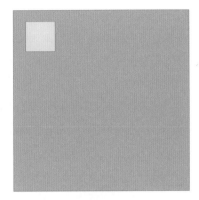

↑中等面积的为主角色

↑面积过小的为点缀色

主角色并不是绝对性的，不同空间的主角色各有不同。主角色的组合，根据面积或者色彩也有主次的划分，通常情况下，建议在大面积的部分采用柔和的色彩。而主角色可以随意选用一些较深或较鲜艳的色彩，这样设计起来比较简单直观，能达到很好的效果。

**主角
配色**

↑客厅中的主角色是沙发。在客厅中，沙发占据了视觉中心和中等面积，是大多数客厅空间的主角色。

↑在卧室中，床是绝对的主角色，具有无法取代的中心位置。

↑在餐厅中，餐桌就成为主角色，占据了绝对突出的位置，若是餐桌的颜色与背景色相同或类似，那么餐椅就会成为主角色。

3.配角色

空间的基本色是由主角色和配角色组成的。配角色是用来衬托以及凸显主角色而存在的，通常位于主角色旁边或成组的位置上，是仅次于主角色的陈设。例如，沙发的角柜、卧室的床头柜等。在同一组沙发中，若中间多人座为红色，其他单人座为白色，则红色就成为主角色，白色为配角色，是为了更加凸显红色沙发。

↑白色为主角色，亮黄色为配角色，亮黄色虽然明度高，但是面积小，所以不会压制住白色。

↑三人沙发的蓝色在面积上占有绝对优势，所以蓝色为主角色，米黄色沙发处于次要地位，属于配角色。

配角色就是要在统一的前提下，保持一定的配角色色彩差异，既能够凸显主角色，又能够丰富空间的视觉效果，增加空间的层次。

↑配角色与主角色相近，整体的空间氛围略显松弛。

↑配角色与主角色之间存在明显的明度差和纯度差，显得主角色鲜明、突出。

↑橙色为主角色，搭配相近色

↑提高两者的色相差

↑对比色，更加凸显了橙色

↑四种色彩的搭配

↑配角色面积超过主角色

↑缩小配角色面积，凸显主角色

第1章 色彩基础

第2章 空间色彩的调整与运用

第3章 色彩印象

第4章 色彩搭配与使用人群

第5章 不同风格的色彩搭配

第6章 住宅空间配色案例

第7章 公共空间配色案例

第8章 成功空间配色方式

4.点缀色

点缀色是指在室内空间中体积小、可移动、易于更换的物体颜色，例如灯具、抱枕、摆件、盆栽等。点缀色能够打破配色单调的格局，起到调节氛围、丰富层次感的作用，成为空间的点睛之笔，是最具有变化性和灵活性的配色。

↑靠枕

↑花卉

↑装饰画与摆件

点缀色在进行色彩选择的时候，通常选择与所依靠的主体颜色具有对比感的色彩，以此来制造生动的视觉效果。如果主体颜色的氛围足够活跃，为了追求稳定感，点缀色可以与主体颜色相近。在不同的空间位置上，相对于点缀色而言，背景色、主角色或是配角色都可能成为点缀色的背景色。

在进行点缀色搭配时，要注意点缀色的面积不宜过大，面积小才能加强冲突感，增强配色的张力。

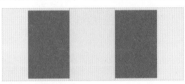
↑黄色面积过大，不凸显主体。

↑缩小面积，突出主体。

↑点缀色过于淡雅，不能起到点睛的作用。

↑高纯度的点缀色，使配色更加生动。

↑靠枕与花瓶采用了高纯度的黄色，打破了原本室内空间的单调，增添了活力。

↑绿色的植物与整体色调成对比色，具有强烈的对比感，丰富了空间的层次。

1.4 色调型与色相型

1.色调型

色彩外观的基本倾向就是色调，它是指色彩的浓淡以及减弱程度。在色相、明度、纯度这三个要素中，任一因素起主导作用，就称为这种要素色调。在进行室内色彩设计时，即使色相方面不统一，只要色调保持一致，同样能达到和谐的视觉效果。

↑纯色调。纯色调不掺杂任何的黑、白、灰，属于最纯粹的色调。它是淡色调、明色调与暗色调的衍生基础，给人以积极、开放之感。

↑明色调。纯色加入少量的白色形成的色调，相较于纯色的热烈，显得更加干净、整洁，但是没有太强的个性，非常大众化。

↑淡色调。纯色混入大量的白色形成的色调，适合用来表现柔和、浪漫、甜美的空间氛围。

↑暗色调。纯色加入黑色形成的色调，纯色的健康与黑色的力量感相结合，形成威严、厚重的感觉。

2.色相型

在室内空间中，背景色、主角色以及配角色是占据较大面积的，三者的位置关系及色相组合决定了整个室内空间的色相型。色相型的决定通常是以主角色为中心，再确定其他配色的色相，有时也可以用背景色作为配色的基础。根据色相环的位置，色相型大致可以分成四种：同相、类似型，三角、四角型，对决、准对决型，全相型。

第1章 色彩基础

第2章 空间色彩的调整与运用

第3章 色彩印象

第4章 色彩搭配与使用人群

第5章 不同风格的色彩搭配

第6章 住宅空间配色案例

第7章 公共空间配色案例

第8章 成功空间配色方式

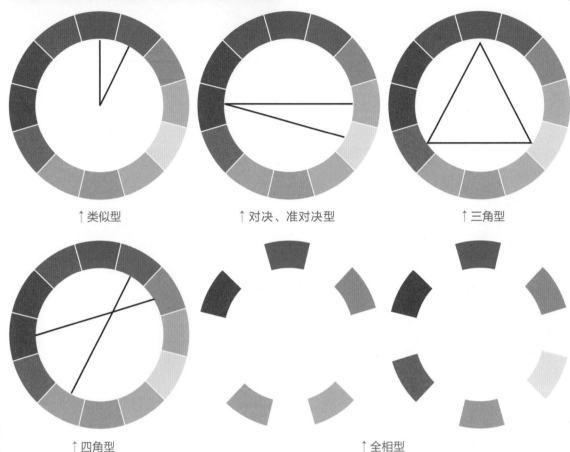

↑类似型　　　↑对决、准对决型　　　↑三角型

↑四角型　　　　　　↑全相型

在室内空间中，常采用两至三种色相配色，单一色相的情况很少见，多色相的配色方式能更好地塑造空间氛围。色相环中最远的色相进行组合，则对比强烈，空间氛围欢快而有力；例如，客厅沙发若以红色为主，则可以进行一些绿植搭配，达到强烈的视觉冲击力。相近的色相进行组合，空间氛围则较沉稳、内敛，适合卧室或书房中使用。

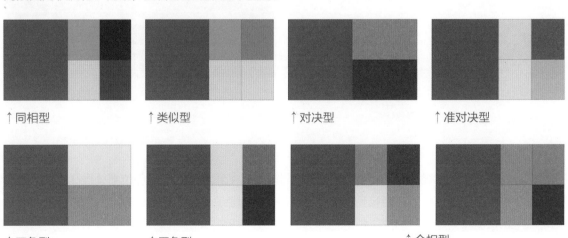

↑同相型　　　↑类似型　　　↑对决型　　　↑准对决型

↑三角型　　　↑四角型　　　　　　↑全相型

3.同相型与类似型

同相型配色是指采用完全统一的色相，通过不同纯度与明度来进行搭配的配色方式。同相型配色较保守，并且具有执着感，能够形成稳重、平静的效果，因为同相型配色限定在同一色相中，具有闭锁感，同时也比较单调。

↑ 同相型配色1

↑ 同相型配色2

↑ 同相型配色，具有闭锁感，体现出执着性与稳定性。

类似型配色是指近似色相之间的搭配，比同相型配色要活泼一些，同样具有稳重、平静的效果，与同相型配色只存在色彩印象上的区别。在24色相环上，4份以内的色相都属于类似色，在冷暖色内，8份差距也属于类似型。

↑ 类似型配色1

↑ 类似型配色2

↑ 类似型色相幅度有所增加，空间氛围更加自然、舒适。

第1章 色彩基础

第2章 空间色彩的调整与运用

第3章 色彩印象

第4章 色彩搭配与使用人群

第5章 不同风格的色彩搭配

第6章 住宅空间配色案例

第7章 公共空间配色案例

第8章 成功空间配色方式

4.对决型与准对决型

色相环上位于180°相对位置上的互为补色的两种颜色进行搭配的方式就是对决型配色。对决型配色对比强烈，具有强烈的冲击力，使人印象深刻。对决型配色可以营造出健康、活跃、华丽的空间氛围，越是接近纯色调的对决型配色，越具有强烈的冲击力。

接近180°位置的色相组合就是准对决型，例如，红色与绿色搭配在一起为对决型，而红色与蓝色搭配就是准对决型。也可以理解为一种色彩与其互补色的邻近色搭配。准对决型配色的效果比对决型配色要柔和一些，有对立和平衡的特点。

↑对决型，充满张力，给人舒畅感和紧凑感。　　　　↑准对决型，紧张感降低，紧凑感与平衡感共存。

对决型配色

准对决型配色

 图解小贴士

对决型与准对决型

　　对决型配色不建议在家庭空间中大面积使用，对比过于激烈，长时间接触会让人产生烦躁感和不安感，若要使用对决型配色，则应该降低颜色的纯度，避免过于刺激。准对决型相对于对决型来说较为温和一些，可以作为主角色或配角色使用，但是不宜作为背景色或大面积使用。

5.三角型与四角型

将色相环上处于三角位置的颜色搭配在一起就是三角型配色。其中，最具代表性的就是红、黄、蓝，即三原色。三原色形成的配色具有强烈的视觉冲击力，并且空间动感十足，三原色的效果在三角型配色中是最强烈的，其他色彩搭配构成的三角型配色就相对温和一些。

三角型是处于对决型与全相型之间的配色，它兼具了两者的优点与长处，视觉效果引人注目，又具备温和的亲切感。三角型的配色方式比前几种配色视觉效果更加平衡，不会产生偏斜感。

↑三原色

↑强烈

↑三间色

↑舒缓

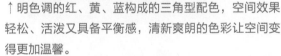
↑明色调的红、黄、蓝构成的三角型配色，空间效果轻松、活泼又具备平衡感，清新爽朗的色彩让空间变得更加温馨。

↑暗色调的红、黄、蓝构成的三角型配色，空间效果隐秘、沉稳。

四角型配色是将两组互补色交叉组合的颜色搭配，四角型配色在室内空间中具有紧凑、醒目的视觉效果。互补色本身就是带有强烈冲击力的颜色组合，尤其两组互补色所得出的四角型就更成了视觉冲击力最为强烈的配色方式。

↑两组对决型

↑强烈

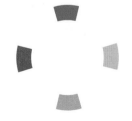
↑两组准对决型

↑舒缓

第1章 色彩基础

第2章 空间色彩的调整与运用

第3章 色彩印象

第4章 色彩搭配与使用人群

第5章 不同风格的色彩搭配

第6章 住宅空间配色案例

第7章 公共空间配色案例

第8章 成功空间配色方式

6.全相型

　　没有偏向性的使用全部颜色进行配色的方式就是全相型配色。全相型配色涵盖的颜色非常广泛，能够塑造出开放、自然的空间氛围，具有五彩缤纷、充满活力的视觉效果。如果觉得室内空间过于单调呆板，可以添加一些全相型的装饰来活跃空间氛围。通常情况下，配色超过五种就属于全相型配色，用的色彩越多，空间就会让人感觉越自由、放松。

　　全相型的配色方式是具有活跃和开放特点的。全相型配色不会因为颜色的色调而改变或是消失，不论是与黑、白、灰的组合还是与明色调或暗色调的组合，都不会减弱全相型配色热烈开放的特性，全相型配色最常见的就是用来增添节日气氛。

↑全相型主题餐厅配色1

↑全相型主题餐厅配色2

　　全相型的配色色彩丰富，气氛热烈，在主题餐厅中运用非常广泛，全相型配色能够带动整个空间的活跃氛围，充满活力与节日气氛。

↑全相型儿童房配色1

↑全相型儿童房配色2

↑全相型配色淡色调效果　　　　↑全相型配色明色调效果　　　　↑全相型配色暗色调效果

第2章

空间色彩的调整与运用

识读难度：★ ★ ★ ★ ★

核心概念：调整、重心、自然光、软装材质、主体、融合

章节导读：

空间色彩的调整不仅与自身色彩属性相关，更要与日光和环境相配合，还要与各种家具、设备、装饰造型的饰面材料的质感相配合。除了色彩视觉上的感受不同给人带来的影响，各种不同材料，如木、织物、金属、玻璃、塑料等所表现的粗、细、光、毛等质感，由于受光和反光的程度不同，反过来也相互影响室内色彩冷、暖、深、浅的整体效果。色彩只有作为一种协调、统一、对比的色彩组合来搭配，才能给人以美或丑之感。但在任何情况下，色彩在室内空间中都应使之调和、统一，才能使大多数人感觉配色是美的。

2.1 空间调整

1.前进色与后退色

前进色是指在同一平面上，比其他颜色看起来更靠近眼睛的颜色。高纯度、低明度、暖色相的色彩是前进色。后退色是指在同一平面上，比其他颜色看起来更远离眼睛的颜色。低纯度、高明度、冷色相的色彩是后退色。

↑前进色：暖色

↑前进色：高纯度

↑前进色：低明度

↑后退色：冷色

↑后退色：低纯度

↑后退色：高明度

↑使用橙色作为墙面颜色时，具有前进感，空间内会显得紧凑，前进色适合用在空旷的空间。

↑使用蓝色作为墙面颜色时，具有后退感，墙面会有收缩感，后退色适合用在狭小的空间。

 图解小贴士

当色彩相同时，面积大的往往会感到比面积小的色彩度增强，故在室内设计中可以利用色彩的这一性质，来改善空间效果，如大面积着色时多选用收缩色，而小面积着色可用膨胀色，这样可以起到重点突出的作用。在室内设计时，常利用色彩的膨胀与收缩的作用来改善室内空间结构的不良状况。如客厅中柱子又粗又大，比例不合适，就可利用深色饰面材料来加以改善，使之在感觉上变得细些。如柱子过细时，又可用明亮的浅色或暖色来饰面，利用色膨胀感使之在感觉上变粗些。

2.膨胀色与收缩色

膨胀色可以使物体的视觉效果变大，暖色相、高纯度、高明度的色彩都是膨胀色，例如，红色、橙色等。收缩色可以使物体的视觉效果变小，冷色相、低纯度、低明度的色彩属于收缩色，例如蓝色、蓝绿色等。

↑膨胀色：暖色

↑膨胀色：高纯度

↑膨胀色：高明度

↑收缩色：冷色

↑收缩色：低纯度

↑收缩色：低明度

↑红色沙发为暖色相，具有膨胀的作用，让室内空间非常饱满。

↑无彩色黑色是明度最低的颜色，具有收缩的感觉，让室内空间非常宽敞。

色彩的体量感与明度有关，明度越高，膨胀感越强；明度越低，收缩感越强。色彩的体量感与色相、色度有关。一般来说，暖色、明度高的色具有扩大感。冷色、明度低的色多具有缩小感，当色度增强时，扩大感也增强。

红色系中像粉红色这种明度高的颜色为膨胀色，可以将物体放大。冷色系中明度较低的颜色为收缩色，可以将物体缩小，类似深蓝色这种低明度的颜色就是收缩色，所以深蓝色的物体看起来比实际小一些。在室内空间中，合理运用好膨胀色和收缩色就可以将室内空间变得宽敞明亮。例如，红色或粉色的沙发看起来很占空间，房间感觉变得狭小、有压迫感；而黑色沙发看上去则要小一些，让人感觉空间比较充足。

色彩除了具有前进感、后退感、膨胀感和收缩感以外，还有轻重之分。色彩的轻重主要取决于明度，高明度的色彩看起来轻，例如，白色、淡黄色等；而低明度的色彩则显得重，如黑色、藏青色等。正确运用和把握色彩的重量感，就可以使色彩关系达到平衡。在进行室内色彩设计时，顶棚一般多采用较浅的色彩，而地面常采用较重的色彩，这样可使室内环境形成稳定感，否则就会显得头重脚轻。

第1章 色彩基础
第2章 空间色彩的调整与运用
第3章 色彩印象
第4章 色彩搭配与使用人群
第5章 不同风格的色彩搭配
第6章 住宅空间配色案例
第7章 公共空间配色案例
第8章 成功空间配色方式

2.2 空间重心

　　空间的重心是由色彩的轻重决定的，具有重量感的色彩所在的位置，决定了空间的重心。具有重量的色彩处于顶面、墙面，会产生动感活力的视觉效果；而具有重量感的色彩处于地面、地毯上，则会让人觉得稳重、平静，有安全感。

→深色在下方，有稳重感

←深色在上方，有动感

↑地面为深色。室内空间中地面颜色最深时，重心在下方，空间充满稳定感。

↑顶面为深色。室内空间中顶面颜色最深时，重心在上方，具有强烈的动感。

↑墙面为深色。室内空间中墙面颜色最深时，重心不稳定，给人以上下运动的感觉。

↑家具为深色。室内空间中家具颜色最深时，重心在下方，给人稳定感。

↑高重心有动感。将红色放在墙面上，形成高重心的形式，上重下轻的空间非常有动感。

↑低重心稳定。将红色放在地面上，形成低重心的形式，上轻下重的空间非常稳重。

2.3 色彩与自然光及气候的关系

第1章 色彩基础

第2章 空间色彩的调整与运用

第3章 色彩印象

第4章 色彩搭配与使用人群

第5章 不同风格的色彩搭配

第6章 住宅空间配色案例

第7章 公共空间配色案例

第8章 成功空间配色方式

不同朝向的房间，会有不同的自然光照，在不同强度的光照下，相同的色彩会呈现出不同的感觉。因此，在进行室内色彩选择时，可以利用色彩的反射率，来改善空间的光照缺陷。

例如，朝东的房间，一天光线的变化最大，与光照相对应的部分，宜采用吸光率高的颜色，深色的吸光率都比较高，如深蓝色，褐色；而背光部分的家具及装饰，采用反射率高的颜色，浅色的反射率高，如浅黄色，浅蓝色。不同的色温折射在不同颜色的材料上也会产生不同的色彩变化，材料的明度越高，越容易反射光线，反之则吸收光线。北面房间阴暗，可以采用明度高的暖色，南面房间光照充足，可以采用中性和冷色相。

↑居室朝北。朝北的房间，温度偏低，日照时间短，屋内比较阴暗，应采用暖色调来增加温馨感。

↑居室朝东西。朝东西的房间日照变化大，早晚阳光过于强烈，冷色调有清凉感可用来避免这种炎热感。

不同的地理位置，光照和温度也不同，在进行色彩搭配时，应考虑色彩的选择。温带与寒带的色彩也需要不同的策略，才能最大程度地提高居住的舒适感。通常情况下，温带地区炎热的时间长，色彩应以冷色为主，适宜明度较高和纯度较低的颜色；寒带寒冷时间长，色彩以暖色为主，宜采用低明度、高纯度的色彩。不同地区的四季变化不同，可以采用不同的色彩布置，增加舒适感。

↑暖色调沙发给人温暖舒适的感觉，适合冬天使用。

↑冷色调沙发给人凉快清爽的感觉，适合夏天使用。

2.4 色彩与人工照明

室内空间中的人工照明主要是以白炽灯和荧光灯为主。白炽灯的色温较低，色温低的光源偏黄，有温暖稳重的感觉；荧光灯的色温较高，色温高的光源偏蓝，有清新明亮的感觉。人工照明的色光有冷有暖，可以利用它来调节人们对室内光色的感觉。例如，在室内正中装一只暖色调的白炽灯，再加上一个造型美观的白色半透明玻璃罩，它发出的光线就温暖、平和，给人以高雅清新的感觉；如果把偏冷色调的荧光灯，采用暗灯形式做反射照明处理，使低矮房间或小房间显得敞亮、开阔。

室内空间的墙面色彩与灯光效果也有着密切的关系。如果室内墙壁是绿色或者蓝色等冷色调，就不宜用荧光灯，而应选择带有偏黄的暖光灯为主调的灯光，这样就可以给人以温暖感；如果墙面是淡黄色或米色，则可使用偏冷的荧光灯。因为黄色对冷光源的反射线最短，所以不会刺激人的眼睛；如果室内摆了一套栗色或褐色家具，适宜用黄色灯光，可以形成一种广阔的气氛。

室内照明的光线角度会影响整个室内空间的氛围。光线照射的地方，材质表面色彩的明度会大幅增加，所以被照射的表面在空间上有扩展的感觉。将房间全部照亮能营造出温馨的氛围，只照射墙面或地面，又会给人稳重的感觉。对于层高较低面积又小的空间，可以在顶部和墙面进行光线照射，这样会让空间在视觉上变高变宽。

色彩照明

←色温单位用K（开尔文）表示。越是偏暖色的光，色温就越低，越能够营造出温馨、柔和的氛围；越是偏冷色的光，色温就越高，越能够营造出清爽、明亮的感觉。

2.5 突出主角色

主角色被明确，不仅能在视觉上产生焦点，而且能让室内空间变得安稳，令人产生安心的感觉。如果主角色的存在感很弱，就会让人产生不安的心理，整体的配色也缺乏稳定感。主角色有强势存在的，也有低调存在的，不论是哪一种，都要通过相应的配色，使其能够得到强化与凸显。

突出主角色的方法有两种。一种是增强主角色，另一种是在主角色较弱的情况下，通过添加衬托色或削弱其他色的方法，来保证主角色的相对优势。

```
                    ┌─ 提高纯度 ─┐
                    │           │
                    ├─ 增大明度差 ├─ 直接强调主角色
  突出主角色 ───────┤           │
                    ├─ 增强色相型 ┘
                    │
                    ├─ 增添附加色 ┐
                    │           ├─ 间接强调主角色
                    └─ 抑制配角色或背景色 ┘
```

↑ 突出主角色

←强势主角色。橙色的沙发具有足够的强度，能让人一眼就注意到。旁边的落地灯、后面的装饰画以及面前的桌子都是以沙发为核心进行搭配。

→弱势主角色。暖灰色的沙发没有足够强度，但是通过沙发面积和借助其他色彩鲜艳的织物，将视线的焦点引导到沙发上来。

第1章 色彩基础

第2章 空间色彩的调整与运用

第3章 色彩印象

第4章 色彩搭配与使用人群

第5章 不同风格的色彩搭配

第6章 住宅空间配色案例

第7章 公共空间配色案例

第8章 成功空间配色方式

1.提高纯度

　　要让主角色变得明确，提高主角色的纯度是最直接也是最有效的方式。纯度越高，色彩越鲜艳，也会使整体更加安定。

↑主角色是鲜亮的宝蓝色，强而有力，成为空间的视觉中心，安稳舒畅。

↑主角色的存在感较弱，空间氛围比较寂寥，让人产生不安的感觉。

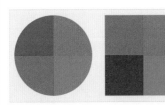

↑鲜艳程度相同，主次不清。

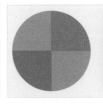

↑鲜艳程度相近，主角模糊。

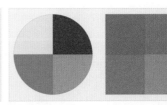

↑提高圆形的纯度，明确主次身份。

↑纯度相近，主次不清。

↑纯度差异大，主角明确。

2.增大明度差

明度就是明暗程度，最高为白色，最低为黑色。任何颜色都有明度值。在都是纯色调的情况下，不同的色相，明度都有所不同。例如，黄色的明度最接近白色，紫色的明度与黑色最接近。

明度
差异

↑明度差异小，主角色存在感弱。床的颜色与周围色彩的明度没有拉开差距，导致床的存在感比较弱。

↑明度差异大，主角色存在感强。床的颜色与周围色彩的明度差明显增大，非常突出床的地位。

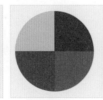

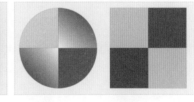

↑明度差混乱，主角色模糊。　　↑明度差相近，主角色模糊。　　↑明度差大，主角明确。

↑明度差相近或混乱，影响主角色的地位。

↑明度差明确，主角色清晰。

第1章　色彩基础

第2章　空间色彩的调整与运用

第3章　色彩印象

第4章　色彩搭配与使用人群

第5章　不同风格的色彩搭配

第6章　住宅空间配色案例

第7章　公共空间配色案例

第8章　成功空间配色方式

3.增强色相型

　　色相型在对比效果上有明显的强弱之分。对比效果最强的是全相型，最弱的是同相型。将两个颜色在色相环上的角度差加大，就能增强色相型。

　　同相型与类似型配色内敛封闭，具有柔和、平实的特点，但是主角色的辨识度不高。暖色调的同相型和类似型配色，显得温馨、平淡；冷色调的同相型和类似型配色则显得冷清、寂静。

　　其他色相型之间的对比明确，主角色易被辨识。四角型和全相型的配色，色彩多样，能营造出开放、欢乐的空间氛围。

↑色相差小，平淡温和。主角色与背景色的色相差小，整体低调、内敛。

↑色相差大，活力健康。主角色与背景色的色相差大，形成准对决，具有强力、健康的感觉。

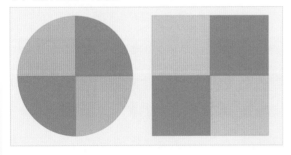

↑同相型与类似型

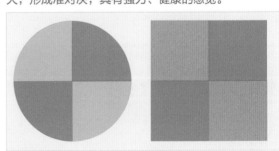

↑准对决型与对决型

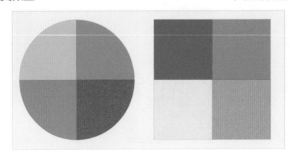

↑三角型与四角型

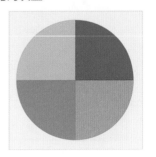

↑全相型对比效果最强

4.增添附加色

　　附加色就是让朴素的主角色变得强势的装饰性颜色，通常附加色的颜色都是比较鲜艳的，常用点缀色来增加附加色。对于已经协调好的室内空间配色，加入附加色能让整体更加华美。

　　附加色的面积要把握准确。如果附加色过大，则会成为配角色，改变空间的色相型；小面积的附加色，既能装点主角色，又不会破坏整体的感觉。

↑高纯度的色彩　　　　　　　　　　↑低纯度的色彩

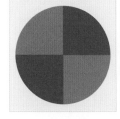  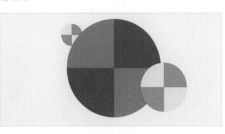

↑朴素的主角色　　↑鲜艳的附加色　　　↑组合在一起，既保持了主角色的朴素，又让主角色变得突出。

↑在明度与纯度相当的情况下，加入附加色突出了沙发的主体地位。　　↑在朴素的床上增添附加色，让原本素雅的环境增添活力。

第1章　色彩基础

第2章　空间色彩的调整与运用

第3章　色彩印象

第4章　色彩搭配与使用人群

第5章　不同风格的色彩搭配

第6章　住宅空间配色案例

第7章　公共空间配色案例

第8章　成功空间配色方式

5.抑制配角色或背景色

　　主角色虽然都带有一定的强度，但并不是所有的主角色都是纯色或者鲜亮的颜色，主角色为素雅颜色的情况也存在很多。需要对主角色以外的颜色进行稍微地抑制，将主角色凸显出来。

↑削弱背景色来衬托主角色，整体空间氛围温馨、自然。

↑背景色强势使主角色被压过，且颜色偏冷，令人不安。

　　避免使用纯色和暗色，使用淡色调或浊色调的色彩，就能将色彩的强度得到抑制。

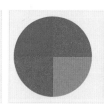 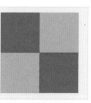

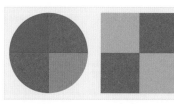

↑主角色与其他配色强度相同，主角色不明确。

↑增强其他颜色，主角色不醒目。

↑削弱其他颜色，主角色变得醒目、强势。

↑主角色属于柔和的色调，配角色和背景色采用了更加柔和的色调，使得主角色醒目、高档、优雅。

↑主角色比较淡雅，但是背景色与配角色都太过强势，使得主角色存在感非常弱。

2.6 整体融合配色

　　进行室内空间配色的时候，在没有明确主角色的情况下，整个配色设计是趋于融合的。这就形成了两个配色走向——突出型与融合型。

　　突出型配色与突出主角色的基本方法一致，采用对色彩属性的改变和控制来达到融合的目的。突出型配色要增强色彩对比，融合型配色则是要削弱色彩对比。

```
                    整体融合配色
   ┌──────┬──────┬──────┬──────┬──────┬──────┬──────┐
 靠近色相  统一明度  靠近色调  添加类似色  重复形成融合  渐变形成融合  群化收敛混乱
```

↑整体融合配色

↑暖色的沙发与冷色的边柜、茶几虽然是对比色的搭配，但是因为明度相近，体现出融合的感觉。

↑采用米色、土橘色、深咖啡色等，相当于类似型的配色，整体的空间氛围趋向于平和、宁静。

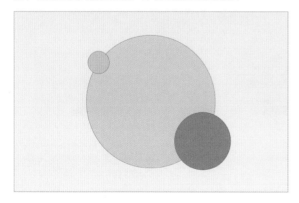

↑突出型配色，主角色强势有力。

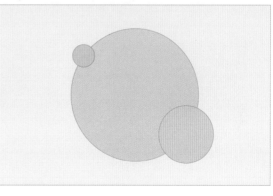

↑融合型配色，整体色彩差异小。

第1章 色彩基础
第2章 空间色彩的调整与运用
第3章 色彩印象
第4章 色彩搭配与使用人群
第5章 不同风格的色彩搭配
第6章 住宅空间配色案例
第7章 公共空间配色案例
第8章 成功空间配色方式

1.靠近色相

当色彩给人太过突兀的感觉时，可以通过减小色相差的方式，使色彩趋于融合，让配色更加稳定。色相差越大，空间越活力、动感；色相差越小，空间越平静、稳重。

↑类似型配色是无对抗且略有变化的配色，整体的空间氛围非常柔和，给人十分平静的感觉。

←中明度的色调，营造出一种稳重、温馨的空间氛围，但是单人椅上的配角色，纯度较高、色相差较大，给空间带来一种不安定的感觉。

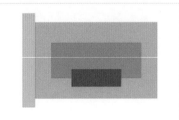

↑主角色与背景色、配角色之间几乎没有色相差，空间氛围平稳，使人产生安全感。

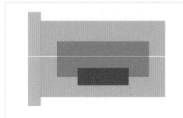

↑主角色与背景色的色差增大成为对决型配色，增加视觉张力，具有明显的开放感。

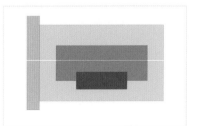

↑主角色与背景色的色差稍微增大，相当于类似型配色，平稳中带有活力。

2.统一明度

在色相差较大，并且不改变原有色相型和原有氛围的情况下，使用明度靠近的方法，能让整体的配色产生一种安定的感觉。在明度差为零且色相差又小的空间中，虽让人感觉平稳，但是会过于乏味。可以通过增大色相差来避免空间氛围的单调。明度差与色相差可以配合使用，若明度差过大，则减小色相差；反之，则增大色相差。

↑明色调与暗色调的搭配，明度差异大，具有强调的效果。

↑将暗色调转为明色调，明度差减弱，具有稳定的感觉。

↓在明度相近的情况下，拉开主角色与背景色的色差，丰富空间的层次，增强空间的活力。

↑在色相差很小的情况下，明度又接近，整体的室内效果过于平稳，让人感到乏味。

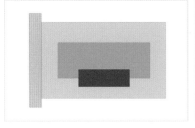

↑主角色与背景色之间的色相差较大，通过明度靠近，让整体产生平稳、融合的感觉。

↑在色相差较大、明度差也不统一的情况下，整体配色让人感到混乱。

↑在色相差几乎为零的情况下，没有拉开明度，整个空间显得沉闷、单调。

第1章 色彩基础

第2章 空间色彩的调整与运用

第3章 色彩印象

第4章 色彩搭配与使用人群

第5章 不同风格的色彩搭配

第6章 住宅空间配色案例

第7章 公共空间配色案例

第8章 成功空间配色方式

3.靠近色调

　　相同色调的颜色，可以产生融合的效果。同一色调的色彩具有同一类色彩感觉，同一色调的颜色搭配在一起，有统一空间氛围的作用。同色调有着很好的相容性，即使色相差比较大，也能营造出相同的空间氛围。在色调相近的情况下，空间氛围容易变得单调。不同的色调组合在一起，可以表现出变化统一的效果。

↑冷色调的紫色茶几，与周围温暖橙色格格不入，既有色相对比，又有强烈的色调对比，产生了不安感。

↑将紫色的茶几替换成与周围颜色相同的色相，再调整色调，整个空间氛围和谐、舒畅。

↑随便组合的色调会有混乱的感觉，通过对色调的调整，产生融合感。色调越靠近，搭配的色彩越融合。

↑统一成淡色调或是暗色调的色彩搭配，虽然都很融合，但是却显单调，当两种色调组合在一起，既保持融合又具有生动性。

图解小贴士

　　色调的调和是从色彩的三个属性（色相、明度和纯度）通过处理和加工得到变化统一的。单一色相变化调和只在明度和纯度上做调整，选用中性色。邻近色调和由色相轮中接近颜色的配合形成总体色调。邻近调和的色彩关系在生活中广为应用，如在室内色彩设计中大多数采用邻近色调和的配色效果。对比色调和色相、明度、饱和度都相差较远的颜色配和，通过对比而组织在统一的关系中，给人以强烈的感觉。因易造成不和谐，必须加中性色加以调和。色调也分高调与低调，主要是指色调中颜色明度和亮度的对比。

4.添加类似色

色彩搭配必须由两个颜色才能做到。两个颜色中，任意加入其中一种颜色的类似色，就会在搭配的同时增添空间的整体感。添加类似色还能继续增进融合。如果添加与两种颜色色相不同的颜色，就会强化对比，强调增加、融合减弱。

↑紫色与黄色属于对决型配色，显得非常紧绷。

↑紫色与黄色分别添加各自的类似色，就能够减弱批次的对比，增强融合。

↑蓝色与黄色的准对决型搭配有着紧凑实用的感觉，但是却略显单调、沉闷。

↑蓝色与橙色的对决型搭配配合白色以及橙色的同相色，让空间通透起来，氛围和谐。

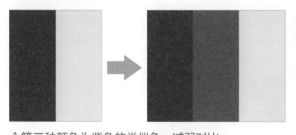

↑第三种颜色为紫色的类似色，减弱对比。

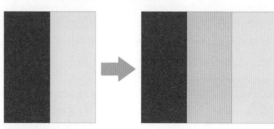

↑第三种颜色为黄色的类似色，减弱对比。

↑添加两色的类似色及同类色，更加丰富且稳定。

第1章　色彩基础

第2章　空间色彩的调整与运用

第3章　色彩印象

第4章　色彩搭配与使用人群

第5章　不同风格的色彩搭配

第6章　住宅空间配色案例

第7章　公共空间配色案例

第8章　成功空间配色方式

5.重复形成融合

重复形成融合就是相同的色彩在各个位置上重复出现，达到融合的效果。空间中相同的色彩不仅能够相互呼应，也能够促进整体空间的融合感。

↑蓝色只出现在背景墙上，与空间中的其他色彩没有联系，空间缺乏整体感。

↑将蓝色分布于空间中的各个位置，让家具与墙面等产生呼应，房间的整体感增强。

↑单独一个形成强调。

↑添加一个就形成重复。

↑鲜亮的蓝色单独出现，成为配色中的主角。虽然很突出，但是会显得非常独立，没有整体感。

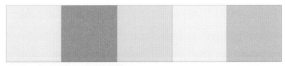

↑右侧的蓝色与主角蓝色相呼应，既保持了主角蓝色的突出地位，又增加了整体的融合感。

↑黄色的花虽然是点缀色，但是色彩纯度很高，由于没有呼应色，成为强调色，很容易喧宾夺主。

↑将单人椅替换成与花朵同样鲜亮的色彩，让整个区域更具有整体感。

6.渐变形成融合

渐变就是色彩的逐渐变化，有色相之间的变化，有明度之间的变化，都是按照一定的方向来变化的。渐变能带来节奏感，给人舒适、安稳的感觉。

↑间隔型的组合方式，排列松散，让人充满活力。

↑按照色相进行渐变排列，充满节奏感，让人稳定。

↑明度上到下的渐变，重心在下方让人感觉十分稳定。

↑明度上下之间产生间隔，让整个空间视觉充满动感。

↑色相渐变

↑明度渐变

↑纯度渐变

↑色相间隔

不按照色相、明度、纯度的顺序进行色彩组合，打乱色彩形成穿插的效果，减弱渐变的稳定感，增强配色的活力感，使人感觉生机勃勃。

第1章 色彩基础

第2章 空间色彩的调整与运用

第3章 色彩印象

第4章 色彩搭配与使用人群

第5章 不同风格的色彩搭配

第6章 住宅空间配色案例

第7章 公共空间配色案例

第8章 成功空间配色方式

7.群化收敛混乱

　　将相邻色面进行共通化的方式就是群化。将色相、明度、色调等色彩属性中的一部分进行靠拢得到统一，来制造出整齐划一的效果。

　　群化一个群组，能与其他色面产生对比，群组内的色彩也会因为统一而产生融合。群化让强调与融合同时发生，相互共存，形成独特的平衡，使得空间配色既具有丰富感，又具有协调感。

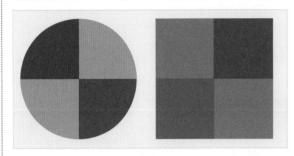

↑在没有群化的情况下，会有轻快自然的感觉，这种没有拘束的分布却不能带来融合感。

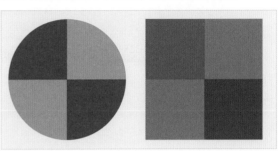

↑通过进行群化，将色彩分组，每个组的色彩都有其各自的共同性。

↑壁纸上的图案，给人一种自由自在的感觉。不论图案如何丰富、复杂，只要将底色进行群化，就会使整体产生一种统一感。

↑餐桌上的桌布相当于背景，将不同颜色的餐具群化成一组，让整体看起来非常紧凑。

↑明度、色调均不统一的混乱色调。

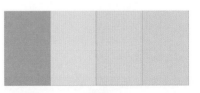

↑按照相近明度群化。

↑群化成两种色调，融合与对比共存。

↑收敛于邻近色，群化效果明显，整体融合。

第3章
色彩印象

识读难度：★★☆☆☆

核心概念：影响因素、色彩印象、配色与灵感

章节导读：

　　大千世界有着数以万计的色彩，并且受到各种不同条件的影响，它们所呈现出来的效果也会截然不同，因此就需要我们从不同的角度出发，对色彩进行分类和表达。在本书中我们所学习的色彩主要是针对室内设计领域，学习色彩有很多切入点可寻，而其中有一项是不容忽视的，那就是色彩印象。色彩印象是人们对色彩的具象或抽象的语言分析并加以解读，然后归纳出不同的色彩带给人的不同感受，最终再将这种规律应用到室内设计当中。

3.1 影响色彩印象的因素

1.色调

在室内空间中，大面积的色块，其色调和色相对整体的空间印象的营造具有支配作用。

↑红色的纯色调有一种成年女性的魅力，能够传达出一种艳丽、成熟的氛围。

↑将纯色调转换成暗浊色调之后，女性的魅力消失，展现出一种保守、稳重的氛围。

我们在进行室内空间的色彩搭配时，可以根据不同的情感诉求来选择主色的色调。例如，儿童房可以选择纯色调或明色调的色彩；卧室可以选择淡色调或明浊色调的色彩；老人房可以选择暗色调的色彩。在大色块的色调确定之后，其他色块的色调选择也不能随意，要注意把握色调关系，来塑造整体的空间氛围。

↑健康、积极的纯色

↑素净、高级的微浊色

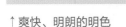

↑爽快、明朗的明色

↑优美、纤细的淡色

↑成熟、稳定的明浊色

↑深奥、绅士的暗浊色

↑强力、豪华的浓色

↑严肃、厚重的暗色

2.色相

每一种色相都有其特有的色彩印象。绿色通常代表着自然、森林；红色代表着喜庆、吉祥等。根据色彩印象的需要，从红、黄、橙、绿、蓝、紫这种基本色相中进行恰当的选择，就可以合理地安排出想要营造的空间印象。除了主色之外，室内空间中的其他色或者点缀色，它们的色相差同样影响着色彩印象的形成。

↑红色色相的表现是其他颜色不能取代的，具有独特的力量与激情。

↑红色色相替换成黄色后，整个室内空间的氛围就变得软弱、浮躁起来。

↑红色是所有色彩中对视觉感觉最强烈和最有生气的色彩。在我国，红色是吉祥与喜庆的代表色。

↑橙色的明度很高，给人愉悦感。它比红色要柔和、低调，但是亮橙色具有刺激性和兴奋作用，象征活力与精神。橙色有助于提高人的食欲，常被用来装饰餐厅，但注意不要大面积使用，容易产生视觉疲劳。

第1章 色彩基础

第2章 空间色彩的调整与运用

第3章 色彩印象

第4章 色彩搭配与使用人群

第5章 不同风格的色彩搭配

第6章 住宅空间配色案例

第7章 公共空间配色案例

第8章 成功空间配色方式

↑黄色是明度最高的色彩，光芒四射，轻盈明快，生机勃勃，具有温暖、愉悦、提神的效果，常作为积极向上、进步、光明的象征，给人以年轻活泼和健康的感觉，是一种极佳的点缀色。在家居设计中，一般不适合用纯度很高的黄色作主色调，容易刺激人的眼睛，给人不舒服的感觉。纯度降低的黄色，用到室内就比较合适了，能给人以沉稳、平静和纯朴之感。

↑绿色是大自然与生命力的象征，能令人内心平静、松弛。绿色给人的感觉偏冷，所以一般不适合在家居中大量使用。绿色对保护视力有积极的作用，因为人眼晶体把绿色波长恰好集中在视网膜上，根据这一原理，通常在儿童房间的某个视觉重要的墙面或窗帘、床罩等处选择绿色，而且纯度一般都可以比较高，既体现了儿童活泼好动的心理特征，又对保护儿童视力有积极的作用。

↑青色有种既深远又神秘的感觉，让人进入无限的空间，稳重又端庄，深受人们的喜爱。青色还因常给人冷飕飕的感觉，所以一般不适宜在家居中大面积使用，但局部点缀，可以给人一种高贵、时尚的感觉。比如，有人喜欢把书房等空间里的一面墙刷成青色，给人沉稳干练的视觉联想。

↑蓝色让人联想到宽广、清澄的天空和透明深沉的海洋，给人带来活泼和沉稳。蓝色从各个方面都是红色的对立面，在外貌上蓝色是透明的和潮湿的，红色是不透明的和干燥的；从心理上蓝色是冷的、安静的，红色是暖的、兴奋的；在性格上，红色是粗犷的，蓝色是清高的；对人机体作用，蓝色降低血压，红色增高血压，蓝色象征安静、清新、舒适和沉思。

↑紫色具有精致富丽、高贵迷人的特点。偏红的紫色，华贵艳丽；偏蓝的紫色，沉着高雅，常象征尊严或孤傲。紫罗兰是紫色的较浅的阴面色，是一种纯光谱色相，紫色是混合色，两者色相上有很大的不同。与高色度的色彩搭配，可表现出一种厚重的色彩交响韵味来。

↑红色是最抢眼的颜色，具有强烈的冲击作用。所以用于大的家居物品上时，一定要注意缓和压迫感，使用量要控制在总量的20%左右，或者不用鲜亮的红色，改用灰或暗色调的红色。粉红色不像红色那样强烈，但是印象鲜明，在表现可爱、成熟时，都可以使用。华丽的红色、纯净的白色、成熟的粉红色互相衬托、竞相艳丽。

↑黄绿色年轻、粉红色可爱。将两种颜色的长处组合成一体，是对比色搭配的一个很好的例子。另外，如果是温和的灰色调，还会产生甜美、可爱的效果。

↑以白色和红色为代表的无色系列的颜色，不论和任何颜色搭配都很合适，而且不会显得杂乱。同属于无色系的灰色与红色搭配也很出色。红色与灰色搭配，在统一的鲜亮色调中加入素雅的暗色色调，会显得格调高雅、富有现代感。

↑黑色、白色、灰色是室内空间设计中常常使用的颜色。白色用途广泛，其洁白无瑕的视觉感受，常给人宁静、单纯的联想。但需要注意的是，白色过多，容易产生苍白无力的感觉。黑色是一种严肃的色彩，给人以坚强和稳健，是压倒一切色彩的重色。家居设计一般不能大面积使用黑色，只能作为局部点缀使用。灰色是一种比较含蓄色，通常给人幽雅的感觉，搭配一些色彩明快的颜色，灰色可把这些色彩衬托得更加情趣盎然。

↑茶色是在黄色或橙色中加入黑色构成的。黄色和茶色颜色相近，易于统一。但是，即使是黄色和茶色，也不能说都能相配，有稍稍带些绿色的黄色，也有色调偏红的茶色。如果要重视颜色的统一感，一定要选全颜色。

↑以蓝色为中心的色彩组合，是让人感觉舒畅的一种装饰风格。在冷色系中，蓝色在视觉上具有缩小、退后的效果，如果利用得当，可以使房间看起来更大些。再加上些与蓝色相近的紫色，如烟如雾的紫色会给你初春的美妙感受。它可以缓和深蓝色的沉重，带来成熟感觉。

第1章 色彩基础

第2章 空间色彩的调整与运用

第3章 色彩印象

第4章 色彩搭配与使用人群

第5章 不同风格的色彩搭配

第6章 住宅空间配色案例

第7章 公共空间配色案例

第8章 成功空间配色方式

3.对比

色彩之间的对比，包括色相对比、明度对比、纯度对比等。

↑明度对比强的搭配，空间显得十分清晰分明，充满力度感。

↑明度对比弱的搭配，空间具有低调、高雅的氛围。

调整对比的强度，会影响到空间色彩印象的形成。增强对比可以营造出空间配色的活力，减弱对比可以表现出高雅的空间印象。

↑强度大的色相对比，给人充满活力的感觉。

↑强度小的色相对比，给人素雅内敛的感觉。

↑强度大的纯度对比，给人厚重踏实的感觉。

↑强度小的纯度对比，给人古朴自然的感觉。

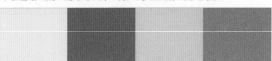

↑强度大的明度对比，给人清晰有力的感觉。

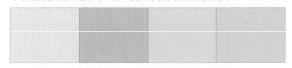

↑强度小的明度对比，给人淡雅明快的感觉。

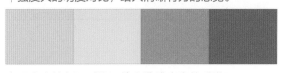

↑强度大的色调对比，给人典雅高贵的感觉。

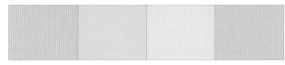

↑强度小的色调对比，给人清新田园的感觉。

4.面积

　　室内空间中的各个色彩之间，通常存在着面积大小的差异。面积大的色彩具有绝对的优势，往往对空间印象起着支配作用。只要面积存在差异，就一定存在面积比。增大面积比可以给人一种充满动感的空间印象，减小面积比则给人一种安定、舒适的感觉。

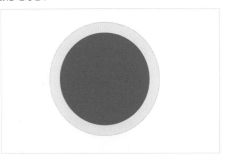

↑这两幅图中，直观上我们的第一感觉认为右边的图中颜色更加鲜艳，但是当我们仔细再看时，发现面积小的似乎更加鲜艳。大量科学实验验证，人们普遍认为小一点的更加艳丽。

↑三种颜色均等，面积优势不明显。

↑蓝色占优势，令人感觉硬朗。

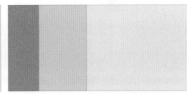

↑黄色占优势，令人感觉愉悦。

↑色彩的面积差比较：面积差越小，给人越稳定、安稳的感觉；面积差越大，给人的感觉越鲜明、有动感。

↑面积差较小，空间印象平稳安定。

↑面积差较大，空间印象充满动感。

第1章　色彩基础

第2章　空间色彩的调整与运用

第3章　色彩印象

第4章　色彩搭配与使用人群

第5章　不同风格的色彩搭配

第6章　住宅空间配色案例

第7章　公共空间配色案例

第8章　成功空间配色方式

3.2 常见的空间色彩印象

1.都市色彩印象

　　都市环境往往给人一种刻板、人工化的印象，无彩色系与低纯度冷色的搭配，最能够将都市的抑制、素雅的氛围表现出来。无彩色系与茶色系搭配在一起，也能够展示都市时尚、厚重的感觉。营造都市色彩印象的时候，色彩之间要以强弱对比为主，以弱色调为主。

↑家居空间中的都市色彩印象应用：灰色具有高档、睿智、干练的感觉，搭配上具有些许温暖感的茶色系，能够营造出具有高质量感觉的都市色彩印象。

→商业空间中的都市色彩印象应用：灰色系与茶色系搭配在一起，打造出一个极具都市气息的咖啡馆，在大的氛围下点缀一些灰绿色，不仅没有破坏原有的空间氛围，也为整个空间环境注入一丝活力。

　　在营造都市色彩印象时，灰色是不可或缺的组成色彩。灰色能够传达出一种高效、有序、整齐的氛围，表现出理智、干练的特点。偏冷的灰蓝色还能够体现出睿智、洒脱的感觉。

色彩印象

←都市色彩印象的色彩搭配参考

↑都市色彩印象案例

2.自然色彩印象

　　自然色彩印象与都市色彩印象是相对的。通过提取树木、花草、泥土等自然素材的色彩，来营造具有朴素、温和特点的室内空间。色相以黄、绿为主，明度中等纯度较低，色调以弱色调为主。

↑从深茶色到浅褐色的茶色系色彩搭配，通过统一的色相，丰富的色调变化，展示出放松、柔和的气息，营造出自然、温和的自然色彩气息。

↑绿色是最能表达自然的颜色，绿色能使人联想到森林和草地，具有亲和力。淡色调的绿色让人放松心情。

→自然色彩印象的色彩搭配参考

↑自然色彩印象案例

第1章　色彩基础

第2章　空间色彩的调整与运用

第3章　色彩印象

第4章　色彩搭配与使用人群

第5章　不同风格的色彩搭配

第6章　住宅空间配色案例

第7章　公共空间配色案例

第8章　成功空间配色方式

3.活力色彩印象

活力休闲的配色，以鲜色调和明色调为主，色相包括了以暖色为中心的，几乎全部色相在内。纯色调和明色调都是极具活力氛围的，色彩富有个性且充满张力，非常适合用来表现充满活力的空间印象。

↑黄色与橙色是具有活力的色彩，最能够表现出室内的活力感与休闲感，再加上红色的点缀，更能够体现出活力色彩空间。

↑无论是鲜艳的鲜色调还是明亮的明色调，都是非常具有活力的，饱满的色彩非常具有张力，常常用来表现活泼、愉悦的空间氛围。

↑活力色彩印象的色彩搭配参考

←活力色彩印象案例

 图解小贴士

室内色彩设计的一般步骤

1) 从整体到局部，从大面积到小面积，从美观要求较高的部位到美观要求不高的部位。

2) 从色彩关系上看，要先确定明度，然后再依次确定色相、纯度和对比度。

3) 设计中要研究色块与家具陈设以及全局的关系，查阅材料样本和色彩手册，并与施工现场相配合，在比较中确定色彩。

4.清新色彩印象

清新色彩印象是一种非常干净、柔和的色彩印象。越是接近于白色的明亮色彩，越能够表现清新色彩。明亮的冷色具有清凉感，所以以冷色色相为主，色彩对比度较低，整体的配色追求融合感，是清新色彩配色的基本要求。

↑明亮的冷色具有透明感。高明度的灰色更具有舒适、柔和的特点，能传达出细腻、轻柔的感觉。

←以蓝色为中心的配色，最能够体现清凉与爽快的感觉，同时，蓝色还具有清洁、干净的效果。加入白色会使这种清洁、干净更加凸显出来。

↑清新色彩印象的色彩搭配参考

↑清新色彩印象案例

第1章 色彩基础

第2章 空间色彩的调整与运用

第3章 色彩印象

第4章 色彩搭配与使用人群

第5章 不同风格的色彩搭配

第6章 住宅空间配色案例

第7章 公共空间配色案例

第8章 成功空间配色方式

5.浪漫色彩印象

在色相相同的情况下，想要表现浪漫、甜美的色彩印象，就需要采用明亮的色调，营造梦幻、朦胧的感觉。例如，紫、紫红、蓝等色彩，最能表达出浪漫所需要的梦幻感。

↑浪漫色彩印象应用：粉色与黄色是高明度色调中最能表现朦胧、梦幻感觉的色彩。与白色搭配在一起，能营造出轻柔浪漫的空间氛围。

↑紫色与紫红色能够表现出高贵、浪漫的空间氛围，将柔美的感觉充满整个空间，深色调的紫红色会带有一种神秘的气息，增强了整体的朦胧感。

↑浅色调的粉色与紫色的结合，让整个室内空间明亮而梦幻，充满纯真气息，还能营造出一种童话般的空间氛围。

↑浪漫色彩印象的色彩搭配参考

3.3 软装配色与灵感来源

1.从名画中提取配色

从名画中提取色彩能简化设计，让色彩搭配显得更简单、更直观。一般选择大家公认的世界名画，画中的色彩是现代流行色彩的源泉。

名画取色

→暗色调，充满着复杂与成熟。这幅作品的风格可以用两个词汇来描述——层次渲染和明暗对比。层次渲染是一种微妙的色彩风格，让画面看上去有种朦胧的感觉；明暗对比则是在这幅画特定的地方，产生很深邃的感觉。

↑《星月夜》配色：梵高对色彩具有非常敏锐的感觉，《星月夜》中其大胆却又冷静的色调占据了画面的绝大部分，同时，这些色彩又与热情、温暖的星光融合在一起。

↓《睡莲》配色：莫奈《睡莲》并不是单幅作品，而是250幅的系列作品。《睡莲》属于印象派画作，色彩效果明亮，美丽，且具有一种朦胧的感觉。

←《呐喊》配色：蒙克《呐喊》是一幅表现主义的画作，这幅画最大的特点就是运用了友好且平滑的色彩却表现出一种不安和紧张的氛围。

第1章 色彩基础

第2章 空间色彩的调整与运用

第3章 色彩印象

第4章 色彩搭配与使用人群

第5章 不同风格的色彩搭配

第6章 住宅空间配色案例

第7章 公共空间配色案例

第8章 成功空间配色方式

2.从生活中提取配色

从生活中提取颜色要注意观察，找出色彩中细微的差距。

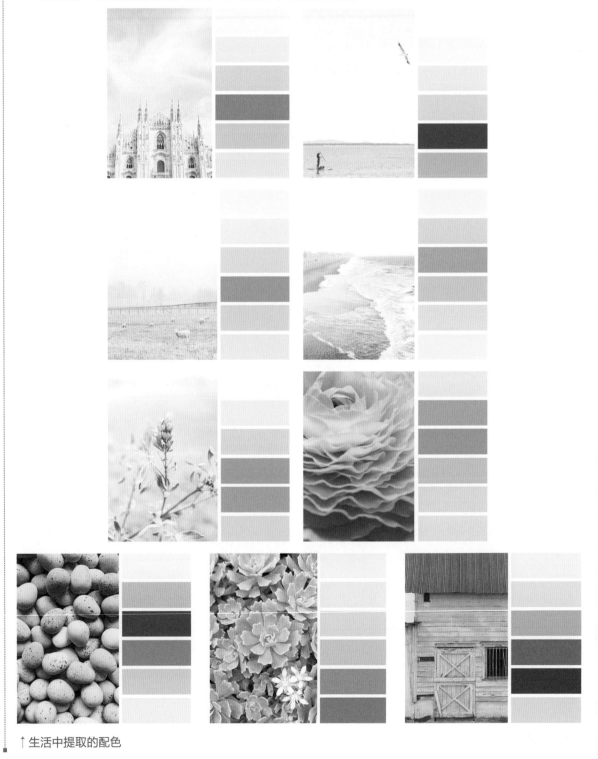

↑生活中提取的配色

3.软装配色案例

下面以几组实际案例来详细剖析家居装修中的软装配色原则。

↑背景色　　　　　↑配角色　　　　↑主角色　　　　↑配角色

↑绿色软装配饰：绿色系与主色调是对比色，拉开了空间的层次，且同色系的不同点缀色也让空间产生呼应。

↑黄色软装配饰：黄色与主色调属于同一色系，采用拉开纯度与明度的方式，添加纯度和明度都很高的黄色，增加了空间的层次，也为空间注入活力。

第1章 色彩基础

第2章 空间色彩的调整与运用

第3章 色彩印象

第4章 色彩搭配与使用人群

第5章 不同风格的色彩搭配

第6章 住宅空间配色案例

第7章 公共空间配色案例

第8章 成功空间配色方式

| ↑背景色 | ↑配角色 | ↑主角色 | ↑点缀色 |

↑家居空间软装配色应用：整体而言，这组空间比较素雅，缺乏亮色，主角色并不突出，处于弱势地位，可以改变单人沙发的颜色，增强主角色的突出地位。

   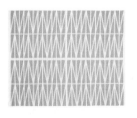

↑亮色软装配饰：粉色的沙发能够拉开主角物体与配角色和背景色的关系，添加粉色的花束，能够增添空间色彩的联系；沙发上的装饰物与地毯的花纹都是为了凸显主角色的地位而存在的。

↑绿植软装配饰：绿色植物与造型独特的花盆除了为凸显主角色以外，也是为了与配角色产生呼应，且丰富空间的层次。

| ↑配角色 | ↑背景色 | | ↑配角色 | ↑主角色 |

↑家居空间软装配色应用：以绿色作为背景色，主体沙发选择接近于白色的亮灰色，使背景色与主角色形成鲜明的对比，突出主角色。而配角色选择的是明度介于背景色与主角色之间的色彩，增加空间的层次感。

↑与背景色相呼应的软装配饰：绿色植物与绿色装饰品的搭配，都是为了迎合背景色而存在的，其中，绿色抱枕不仅能够增添空间中的联系，还能将视线吸引到主角色上来。

   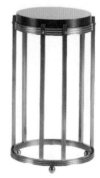

↑原木色软装配饰：原木色和金属的摆件或家居，符合自然的元素，与绿色表达的色彩意义相同，让整个空间更加自然生动。

第1章 色彩基础

第2章 空间色彩的调整与运用

第3章 色彩印象

第4章 色彩搭配与使用人群

第5章 不同风格的色彩搭配

第6章 住宅空间配色案例

第7章 公共空间配色案例

第8章 成功空间配色方式

↑配角色　　　　↑背景色　　　　↑主角色　　　　↑配角色

↑家居空间软装配色应用：该室内搭配是属于比较清新的配色，主色调给人干净、明亮的感觉，既是搭配了全色相的点缀色，也不会影响整体的空间氛围。

↑色彩鲜艳的软装配饰：色彩鲜艳的点缀色不仅没有破坏整体干净、明亮的空间氛围，还让整个空间充满活力，富有生气。

↑白色软装配饰：白色属于无彩色系，能够与其他任何颜色进行搭配，也能很好地中和其他各个颜色的关系；玻璃家具具有独特的轻盈感与通透性，与整体干净、明亮的环境非常契合。

第4章
色彩搭配与使用人群

识读难度：★☆☆☆☆

核心概念：男性、女性、新婚、儿童、老人

章节导读：

　　目前对于室内设计更多的是关注家具与材料，往往忽略了能够对人的心理与生理产生影响的色彩，例如，暖色能让人感到温馨舒适，冷色能让人感到整洁冷静。室内色彩要以人为本，进行人性化设计，应该考虑不同年龄段人群对于色彩的不同感受和心理需求。色彩对于人类来说，有着与众不同的意义，室内空间中如果没有色彩，空间将没有温度与生气。同时，我们还可以利用色彩来改善原本空间中存在的缺陷。

4.1　男性特点配色

　　男性房间的颜色大多比较寡淡，黑色、灰色、冷色的蓝色以及厚重的暖色等都可以作为男性房间的代表色。尤其是在现代风格的设计中，男性的房间常常将黑色或者灰色作为房间的基础色。

深蓝色与黑色在男性色彩中运用广泛，暗色调的色彩符合男士成熟稳重的性格特征。

用蓝紫色进行点缀，拉开了空间中的色彩纯度与明度的关系，丰富空间的层次。

灰色与浊色能够中和空间中男性色彩的冰冷感，让空间变得柔和。

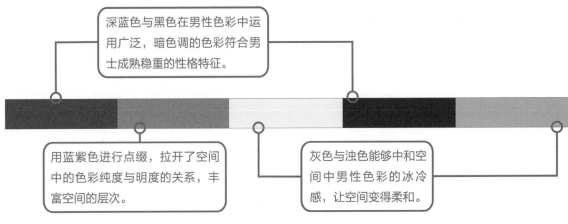

↑男士暗色调配色

↑男士暗色调配色应用

灰色系既不会让人感到沉闷，也不会太过亮眼，将灰色与黑白色搭配起来，时尚高级。

黑色中和了灰色端庄的气质，符合男性帅气随性的个性，精致典雅。

白色与灰色的搭配会让整体有非常干净的视觉效果，简欧风格中常常会见到这种搭配。

↑男士商务配色

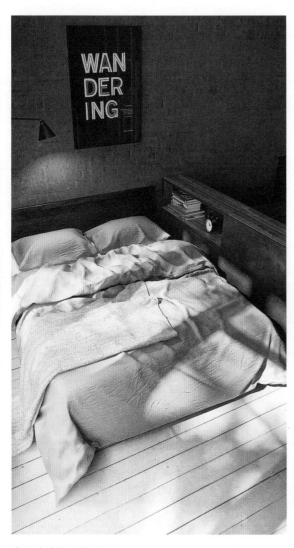

↑男士商务配色应用

深蓝色与暗灰色的搭配让人耳目一新,具有非常强烈的现代感。

加入暖色调的色彩进行调和,能够协调空间中的冷情感,更适宜人的心理需求。

↑ 男士时尚配色

↑→男士时尚配色应用

4.2 女性特点配色

女性房间的配色，或优雅或妩媚，常常通过淡雅的暖色和紫红色来展现女性柔美、温柔的印象。除了紫色、粉色、紫红色和红色等能代表女性色彩，橙色、橘黄色、橘红色等加入白色、冷色或者灰色也能表现不同女性的性格气质。

灰色调的红色系，能够展现女性柔美大气的形象气质，恬静的暖色调，使人十分亲切。

深棕色能压制房间中的粉气，表现成熟女性特有的稳重，并且能让空间更有层次感。

白色与浅浅的暖黄色，能够提高空间的明度，使空间明亮、通透。

↑女士优雅配色

←↑女士优雅配色应用

第1章 色彩基础

第2章 空间色彩的调整与运用

第3章 色彩印象

第4章 色彩搭配与使用人群

第5章 不同风格的色彩搭配

第6章 住宅空间配色案例

第7章 公共空间配色案例

第8章 成功空间配色方式

图解小贴士

女性房间应以简约、温和为主，要注意把握整体的风格和装饰，能给女性的生活和习性带来很大的影响。要明确房屋的布局，不要过分追求细节与效果，否则会达到截然不同的效果。

一般情况下，女性房间最需要注意的就是色彩搭配的问题。颜色搭配的亮丽多彩，会给人明亮开朗的感觉；如果阴沉昏暗，则会让人感到抑郁烦闷。最好采用暖色调的色彩进行搭配，如粉红色、紫红色，能够给女性房间带来很多优势。

橙色与黑色搭配在一起非常干脆利落，具有冲击性，是现代女性非常喜爱的一种搭配。

暖色调的浅灰色能够中和黑色与橙色的刺激感，透露出女性的典雅与干练。

↑女性干练配色

↑女性干练配色应用

烂漫常常代表着浪漫与纯真，偏暖的蓝绿色与暖红色，能够营造轻松愉悦的氛围。

白色与原木色能够增添空间中的自然感，能让空间中充满柔和的氛围。

深色能够增加空间中的层次感，而且能够增加空间中的稳重感，是必须要用到的颜色。

↑女性烂漫配色

↑→女性烂漫配色应用

 图解小贴士

　　人们对于绿色环保的生活方式的关注度越来越高，自然色彩的运用在室内也越发广泛。自然色彩的搭配利用了土地、蓝天、草、树等自然中的颜色，表现出朴素、田园的风格，能够带给人们舒适的感觉。

↑ C13 M14 Y33 K0

↑ C36 M22 Y45 K0

↑ C23 M28 Y54 K9

↑ C49 M8 Y22 K0

↑ C15 M15 Y19 K2

↑ C17 M33 Y35 K4

第2章　空间色彩的调整与运用

第3章　色彩印象

第4章　色彩搭配与使用人群

第5章　不同风格的色彩搭配

第6章　住宅空间配色案例

第7章　公共空间配色案例

第8章　成功空间配色方式

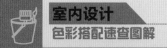

4.3　儿童特点配色

　　色彩能够对人的生理和心理产生一定的影响。合理的室内色彩搭配能对儿童的成长产生积极影响，所以在对儿童房进行色彩搭配时，除了要注意子女的性格区分外，还要注意颜色搭配的科学合理。

绿色是一种既环保又健康的颜色，绿色是最能够让眼睛得到保护的颜色，不同明度与纯度的绿色，让空间层次非常丰富。

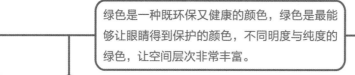

绿色搭配白色与暖灰色能够营造出清爽、温馨的感觉，适合年纪较小的青少年使用。

↑儿童环保配色

↑儿童环保配色应用

 图解小贴士

　　很多人认为绿色不适合在商务场所中，其实只要掌握色彩基本属性以及搭配得当，绿色可以用在任何场合。青色和黄色的搭配，这两种明度差较大的色彩形成了一种独特气质的搭配，低明度的青绿色使得整体显得稳重可信，而黄色则可以打破整体沉闷平淡的感觉，对商业空间来说是个不错的搭配。

深色能够压制住空间中漂浮的浅色，增加空间中的层次感。

灰色调的浅紫色具有优雅精致的气质，能满足小女孩对于小公主的可爱幻想。

白色与粉色的搭配具有明快而亮丽的感觉，会让空间开阔且明亮，少女气息十足。

↑ 女孩主题配色

↑→女孩主题配色应用

第1章　色彩基础

第2章　空间色彩的调整与运用

第3章　色彩印象

第4章　色彩搭配与使用人群

第5章　不同风格的色彩搭配

第6章　住宅空间配色案例

第7章　公共空间配色案例

第8章　成功空间配色方式

蓝色与黄色是经典动画形象小黄人的代表色，男孩子在小的时候都存在一定的个人英雄色彩，选择一个孩子喜爱的卡通形象作为主题进行房间色彩设计是非常好的方法。

白色与浅淡的蓝色系是为了丰富空间的层次感，也能够让空间张弛有度，突出主题。

↑男孩主题配色

↑男孩主题配色应用

4.4 老人特点配色

老年人对部分色彩不太敏感，这是因为人在40岁以后，眼球晶体会逐渐出现"黄化"的现象，对于色彩的感知能力也开始逐渐下降。例如，大部分中老年人对明度对比弱的辨别能力变差。老人的房间色彩设计除了要照顾老人自己的喜好之外，还需要针对色彩视觉特征，选用明度对比高的色彩搭配，颜色以暖色为主，不要大面积的使用反光元素等。

深红色的木地板在老人房间中经常使用，其稳重且亲近自然的质感深受欢迎。

黑色与棕色是中式风格中经常使用到的颜色，清晰明了的色彩非常适合老年人使用。

白色的软装家具与深色形成了鲜明的对比，高明度差的色彩能够让老人轻松辨别。

浅色调的暖黄色能够给室内带来温暖舒适的感觉，让人放松身心。

↑ 老人明度配色

↑ 老人明度配色应用

暖色系的灰色调和深色调适合老人使用，透出古朴的气质，温和宜人。

白色的明度最高，能够与其他色彩拉开差距，分清边界，减轻老年人辨别颜色的负担。

↑ 老人暖色配色

↑ 老人暖色配色应用

下面列举一些家居装修中的老人房效果图及配色的CMYK值作为案例，供参考。

←↑老人
家居案例

C25 M10 Y0 K26	C6 M40 Y34 K36	C0 M3 Y37 K60	C21 M14 Y0 K67

C58 M42 Y67 K3	C41 M29 Y56 K0	C0 M44 Y35 K62	C78 M48 Y71 K7

C8 M7 Y26 K0	C0 M17 Y32 K64	C0 M16 Y22 K80	C76 M78 Y80 K47
			C0 M9 Y40 K49

↑老人家居配色参考

第1章　色彩基础

第2章　空间色彩的调整与运用

第3章　色彩印象

第4章　色彩搭配与使用人群

第5章　不同风格的色彩搭配

第6章　住宅空间配色案例

第7章　公共空间配色案例

第8章　成功空间配色方式

4.5 新婚特点配色

　　谈到新婚的室内色彩，人们普遍会联想到红色。在我国，人们认为红色是吉祥的象征，代表了传统、热情和喜悦。红色能够让整个室内氛围变得温暖，但是，室内空间中的红色如果过多，就会对眼睛造成严重的负担，长时间处于这种环境中，会让人头晕目眩。所以，即便是新婚，也不要让房间长时间处于红色的主色调下。红色可以在软装上使用，如窗帘、家纺等，并且可以用米色或白色搭配，不仅可以让人神清气爽，还能够突出红色的喜庆气氛。

↑新婚家居配色应用（1）：这一组空间中，红色的运用非常少，但却给人非常浓烈的喜庆气氛。在无彩色系的对比下，红色的靠枕显得异常醒目，比大面积的使用红色更具有新婚感。

↑新婚家居配色应用（2）：这一组空间中，没有在软装上运用红色，却让人感觉处处充满了新婚的氛围，这是因为玫瑰花代表爱情，在空间中放置玫瑰花，浓郁的爱情气息绽放开来，粉色的灯光更能增添甜蜜感。

有的空间设计中，没有刻意地使用红色或者鲜花去营造新婚的感觉，却能让人感觉房间中充满爱情的味道。

↑ 新婚家居配色应用：这两个空间中虽然没有特意用红色渲染氛围，但是却通过家具或者摆件营造出成双成对的空间效果。

新婚空间中常见的软装饰品		
搭配内容	图例	搭配方法
相框与相片		照片墙是现在室内设计中非常受欢迎的室内装饰品，在新婚室内中制作一组爱心照片墙，立刻就让人感受到新婚的氛围
爱情摆件		在新婚室内摆放一些具有喜庆意味、成双成对的摆件是提升空间幸福感简单而有效的办法，可以在室内各个角落营造浪漫的氛围
红色抱枕		红色的抱枕是常见的新婚室内的软装饰品，而且更换方便，可流动性强
浪漫花束		浪漫的花束也是能快速表现新婚氛围的软装饰品，花束富有生机，具有独特的生命力，还能够与人建立一种亲切的联系

第1章 色彩基础

第2章 空间色彩的调整与运用

第3章 色彩印象

第4章 色彩搭配与使用人群

第5章 不同风格的色彩搭配

第6章 住宅空间配色案例

第7章 公共空间配色案例

第8章 成功空间配色方式

不同人群使用色彩宜忌对比

人群	宜		忌	
男性		刚毅坚定，以稳重的蓝色、褐色为主，配置较直的木纹		避免用偏中性的红色或其他暖色，大面积的米色与白色对比会显得无力
女性		白色衬底能表现出纯洁、干净，浅色木纹能反映出清新愉快感，色彩纯度适中，明度提高		大面积红色或单一色彩会显得很闷，并不能表现出设计的个性
儿童		五颜六色要形成一定基调，多种色彩在一个大的环境下得到统一		单纯的墙贴会造成色彩丰富，同时也容易带来混乱，没有体现出色彩配置重点
老人		白色与浅灰色是色彩形成对比的前提，与深色木纹搭配和谐且具有力量		灯光色不宜过于偏暖，会影响整个室内空间的光色效果，家具色彩要求统一，否则会令人烦躁不安
新婚		喜庆的红色适用于局部，其他部位可以选用少许红色颜色点缀，便于日后更换		较深的红色与多种色彩搭配会很难体现空间氛围，短暂装点的饰品占有面积过大会造成空间压抑

第5章

识读难度：★★★☆☆

核心概念：风格、搭配

不同风格的色彩搭配

章节导读：

室内装饰风格是以不同的文化背景结合不同的地域特色作为依据，并通过各种设计元素来塑造出一种特有的装饰风格。根据市场规律的总结,现代室内装饰设计秉承着轻装修重装饰的理念，大多在软装上体现装饰风格。从建筑风格衍生出多种室内设计风格，根据设计者的审美和爱好不同，又有各种不同的幻化体。本章将介绍常见的装饰风格与色彩搭配。

5.1 现代风格与简约风格

1.现代风格

现代风格是比较流行的一种风格，追求时尚与潮流，非常注重居室空间的布局与使用功能的完美结合。它具备三个空间特点：

（1）色彩跳跃

现代风格的室内空间，色彩要跳跃出来。空间中大量运用高纯度的色彩，大胆灵活，这不仅是对现代风格特点的遵循，也是自我个性的展示。以多功能组合柜为沙发背景，组合柜上推拉门的造型滑轮，几何形的大量应用，以及铝合金与钢化玻璃等材料的使用，都是现代风格家具的常见装饰手法，给人带来前卫、不受拘束的感觉，造型时尚简单的饰品因其纯净的色彩使得空间增添几分时尚元素。

↑ 高纯度的色彩

↑ 多功能组合柜

↑ 几何形的运用

↑ 铝合金与钢化材料的使用

（2）简洁实用

现代风格的特点是线条简单、装饰元素少，所以家具需要完美的软装配合，才能显示出现代风格美感。例如，沙发需要靠垫、餐桌需要餐桌布、床需要床单的陪衬，现代风格的美感关键是软装到位。线条简单的沙发、茶几、电视柜，简单组合之后，加入对比强烈的装饰画、金属灯罩、个性抱枕以及玻璃杯等简单元素，就构成一个舒适简单的客厅空间。

↑ 线条简单的家

↑ 造型独特的金属灯与个性抱枕

（3）多功能

现代风格的装饰不在于多，而在于搭配。过于繁杂的颜色会给人冗乱的感觉，现代风格中要多使用一些纯净的色调来进行搭配，达到以少胜多的目的。

现代风格追求空间的实用性与灵活性，室内的空间是由相互之间的功能关系组合而成的。空间的组织不再是以房间组合为主，空间划分也不局限于墙体，而是注重会客、餐饮、学习、休息等功能空间的逻辑。通过使用家具、顶棚、不同的地面材料甚至光线的变化来划分不同的功能空间，且这种功能划分可以随着不同的时间表现出灵活性、兼容性和流动性。

↑ 流畅的空间组织

↑ 多功能的墙壁与纯净的色调

第1章 色彩基础

第2章 空间色彩的调整与运用

第3章 色彩印象

第4章 色彩搭配与使用人群

第5章 不同风格的色彩搭配

第6章 住宅空间配色案例

第7章 公共空间配色案例

第8章 成功空间配色方式

↑通过钢结构夹层分割会客与餐饮区

↑通过地毯与顶棚划分空间

通过强调原色之间的对比协调来追求一种具有普遍意义的永恒的艺术主题。装饰画、织物的选择对于整个色彩效果也起到画龙点睛的作用。

↑暴露在外面的原色管道

↑画龙点睛的装饰画

2.简约风格

简约风格就是以简洁的形式来满足人们对空间环境那种感性的、本能的和理性的需求。它是由20世纪80年代中期对复古风潮的叛逆和极简美学的基础上发展起来的，20世纪90年代初期，开始融入室内设计领域。简约风格的特点是将设计元素简化到最少的程度，但这同样表明，简约风格对色彩、材料的质感要求很高。简洁、实用、省钱，是简约风格的基本特点。

↑简约风格家居：简约风格体现在对设计细节的把握上，要深思熟虑地进行每一处布局与装饰。

对比是简约常用的一种方式，它将两种不同的事物、色彩等做对照，如方与圆、大与小、黑与白、粗与细等。在同一空间中把两个明显对立的元素放在一起，经过设计，使其既对立又和谐，既矛盾又统一，在强烈反差中获得鲜明对比，求得互补和满足的效果。

↑黑与白的对比

↑方与圆的对比

↑大与小的对比

3.现代风格与简约风格的色彩应用

从渊源上来说，简约风格应该属于现代风格中的一个分支，它们都注重实用性与功能性。现代风格在材料运用上更多地偏向于工业产品，简约风格则保持整体的简洁基调，不限制材料的运用。现代风格与简约风格在色彩上面的选择是相同的，都偏向简洁、干净、亮丽的色调。

↑主色调主张采用自然色、黑白灰或是高明度的单色，采用同色系或是邻近色进行家具配饰，点缀高纯度或者高明度的纯色让空间更加鲜亮，使得整个室内空间层次丰富。

↑现代风格与简约风格剔除了复杂的装饰与装修，强调通过大面积的单色色块来营造空间的整体感。

→现代风格与简约风格的色彩搭配主张"少即是多"，色彩的格调要保持统一，以一种颜色作为基调，小面积点缀其他色彩，色彩要保持一种温柔干练的风格。

←充分调节好色彩属性的关系，既不让空间出现围合感，又要注意空间不单调、乏味。

第1章 色彩基础
第2章 空间色彩的调整与运用
第3章 色彩印象
第4章 色彩搭配与使用人群
第5章 不同风格的色彩搭配
第6章 住宅空间配色案例
第7章 公共空间配色案例
第8章 成功空间配色方式

↑室内空间的色彩影响着人们的心理与生理，人们对于色彩的感知也是非常敏感的。

↑现代风格与简约风格的色调多以白色为主，既要处理好色彩的关系，又要满足人们对色彩的心理需求。

　　室内空间的色彩要注意强调功能性与艺术性的统一，在功能性保证的前提下，色彩调和对营造空间氛围具有非常重要的作用。

↑高明度的墙面与低明度的家具完美搭配。

↑以高明度为主体色，低明度为配饰色。

↑明度高的色块能营造出干净、明亮的空间氛围。

↑明度低的色块能够营造神秘、私密的空间氛围。

5.2 中式古典风格与新中式风格

1.中式古典风格

中式古典风格的室内空间设计，主要讲究在室内布置、色调、线形以及家具造型等方面，吸取了中国传统装饰中的"形"与"神"的特点，做到形神兼备。中式古典风格让空间环境显现出传统文化的源远流长，给人以历史延续和地域文脉的感受。

↑中式古典风格家居：中式古典风格的主要特征，是以木材作为主要建材，讲究构架制原则，重视横向布局，用装修构件分合空间，利用庭院组织空间，注重建筑与环境的协调，善于用环境创造气氛。善于通过彩画、雕刻、工艺美术等装饰手段来营造意境。中式家具具有其独特的个性与生命力，可以决定它所在位置的整体气质。

中式古典风格的色彩设计以黑、青、红、紫、金、蓝等明度高的色彩为主，其中以红色最有代表性，寓意吉祥，雍容优雅。空间中不宜采用较多色彩装饰，以免打破中式古典空间中特有的优雅情调。空间中绿色尽量以植物代替，如吊兰、大型盆栽等。

↑中式古典风格家居中深棕色与乳白色的应用：深棕色+乳白色，在家具的使用上延伸了明代的家具元素，白墙和踢脚线的处理与顶面形成了富有节奏的变化关系，给人以优雅的空间感，突出了中式典雅的设计情怀。

第1章 色彩基础

第2章 空间色彩的调整与运用

第3章 色彩印象

第4章 色彩搭配与使用人群

第5章 不同风格的色彩搭配

第6章 住宅空间配色案例

第7章 公共空间配色案例

第8章 成功空间配色方式

↑中式古典风格家居中红色与深棕色的应用：红色＋深棕色，红色的装饰，能带给人们浓烈的东方美；背景墙上两侧深棕色木质格栅勾勒出的轮廓，增强了层次感与景深感。

图解小贴士

五色学说

　　"五色学说"是中国传承了几千年的色彩理论，深深地影响了中国人的色彩习惯。"五色学说"即中国的五行"金木水火土"所对应的颜色。金：白，乳白色色系；木：青，碧，绿色色系；水：黑，蓝色色系；火：红，紫色色系；土：黄，土黄色色系。

2.新中式风格

　　随着国力的增强，民族意识的日益高涨，人们开始有意识地探寻本土的设计元素。兼具传统与现代的新中式风格将中式元素与现代材质巧妙地融合在一起，通过中式风格的象征，表达一种对清雅含蓄、端庄风华的东方式精神境界的追求。

　　新中式风格主要包括两方面：一是对中国传统文化在现代生活中的演绎；二是对中国当代文化的充分理解，设计出符合现代人生活习惯与审美习惯的空间。新中式风格不是单纯地对传统元素进行堆砌，而是要通过对中国传统文化的认识与理解，将传统元素和现代元素融合在一起，让中国传统艺术在当今社会得到完美的表现。

↑"化繁为简"的新中式风格家居：中国风的构成主要体现在传统家具、装饰品及红、黑为主的色彩装饰上。空间内多采用对称式的布局方式，造型简朴而优雅，色彩浓重而沉稳。

↑ 新中式风格中的层次感：中国传统空间讲究空间的层次感，这种审美观念在"新中式"装饰风格中得到了全新的演绎。依据空间的使用人数与私密的程度，根据需求做出具有分隔功能的空间，利用"垭口"或简约化的"博古架"。

↑ 新中式风格常用的分隔方式：在隔绝视线的地方，采用中式的屏风或窗棂，通过这种形式的分隔方式展现出新中式空间的层次美。

　　新中式风格作为一种中式风格与西方、东南亚等装修风格有很大不同，它们之间所营造的空间氛围是不同的，不同的装修风格都有其特定的文化背景作为支撑。新中式风格就是以中国古典文化作为背景，以中式古典风格为基础，营造出具有中国韵味的空间氛围。极简主义的风格中渗透着中国几千年的文化历史，形成具有独特风格的新中式风格。

↑ 新中式风格家居案例：新中式风格不是传统文化的复古堆积，而是将古典元素融入到现代风格之中。中式家具的颜色或深或艳，要对新中式空间的色彩进行全面考虑。装修的色彩一般会用到棕色，这种颜色特别古朴、自然。但如果空间整个色调都是棕色，就会给人压抑的感觉。将深色调与其他纯度较高的色彩进行搭配，会让空间的层次感增加，增添空间的活力。

第1章　色彩基础
第2章　空间色彩的调整与运用
第3章　色彩印象
第4章　色彩搭配与使用人群
第5章　不同风格的色彩搭配
第6章　住宅空间配色案例
第7章　公共空间配色案例
第8章　成功空间配色方式

3.中式风格的色彩应用

中式风格装修的色彩，明度对比比较强烈，而纯度对比较弱。主体物的色调较深沉，色温偏暖，而背景使用浅色调，部分装饰物采用冷色调，在整体上丰富色彩的层次，避免色调的单一而产生沉闷。

↑在色彩的应用中，以棕色、酸枝红等较为深沉的颜色为主色调，以营造沉稳、凝重的整体氛围。

→在色彩种类应用方面，中式风格装修所采用的色系较少，尤其是在主色调上讲求统一。

↑传统风格色彩较重，多以深色家具为主。

←现代中式风格的色调相对更浅。

第1章 色彩基础

第2章 空间色彩的调整与运用

第3章 色彩印象

第4章 色彩搭配与使用人群

第5章 不同风格的色彩搭配

第6章 住宅空间配色案例

第7章 公共空间配色案例

第8章 成功空间配色方式

5.3 传统日式风格与现代日式风格

1.传统日式风格

　　传统日式风格是一种具有强烈民族特色的设计风格，传统日式风格将自然界的材质运用于室内的装饰之中，不推崇富丽堂皇，以淡雅克制、禅意深远为境界，重视实际功能。传统日式风格能与大自然融为一体，擅长借用自然景色，为室内带来生机，在材料的选用上也特别注重自然质感，与大自然水乳交融。

　　中国唐代以前，盛行席地而坐，因此家具都较低矮。入唐以后，受到西域人的影响，垂足而坐逐渐盛行，椅、凳等高形家具开始发展起来。日本学习了中国初唐低床矮案的生活方式后，一直保留至今，形成了独特完整的体制。唐代之后，中国的装饰和家具风格依然不断传往日本。

↑传统日式家具与现代日式家具：日式家具，我们立即联想到"榻榻米"。日本传统的低床矮案，使人印象深刻。传统日式家具的形式是受中国唐朝文化影响的，现代日本家具的形式，则与欧美国家有莫大的关系。

↑日式家居中的格子门窗：日本现在极常用的格子门窗，就是在中国宋朝时候传入的，可见日本文化受中华文化影响之深。

↑传统日式家具与空间环境：传统日式风格家具以其清新简洁、淡雅自然的品位，形成了别具一格的家具风格，日式空间环境所营造的闲适写意、悠然自得的氛围，满足都市年轻人寻求放松场所的需求。

↑具有立体感的传统日式风格：传统日式风格一般采用清晰的线条，让居室的布置带给人以优雅、清洁，具有较强的几何立体感。

↑传统日式风格的色彩运用：木色是传统日式空间中不可缺少的色彩，简洁的木质装饰会给整个空间带来整洁淡雅的氛围。传统日式设计风格受日本和式建筑的影响，讲究空间的流动与分隔，流动则为一室，分隔则分几个功能空间，空间中禅意无穷。

2.现代日式风格

现代日式风格主要运用几何学形态要素以及单纯的线、面交错排列，尽量排除任何多余的痕迹，避免物体和形态的突出，使用抑制手法来体现空间本质，即取消细部装饰，使空间明快、简洁，具有时代感。注重实际功能的同时强调设计的抽象感与单纯性。

↑现代日式风格家居特点：现代日式风格的空间设计都是用提取传统日式风格中原木、白墙、木格推拉门构建。体现了传统与现代双轨并行的体制，将现代与传统融合起来，融入极具和风美学的特征。

↑现代日式风格的空间创造：在空间创造时，现代日式风格对表层的选材处理十分重视，强调对素材的肌理运用与展示，突破边界空间。让水泥表面、木材质地裸露在外，使用较多铝合金、钢铁等金属板格、复合板材、马赛克等饰面。有意展示材料的肌理或本来面目，通过精密的打磨，使这些材质具有独特的观赏效果。

第1章 色彩基础

第2章 空间色彩的调整与运用

第3章 色彩印象

第4章 色彩搭配与使用人群

第5章 不同风格的色彩搭配

第6章 住宅空间配色案例

第7章 公共空间配色案例

第8章 成功空间配色方式

3.日式风格的色彩要求

日式风格的颜色搭配往往给人一种恬淡、安逸的自然感。在日式风格的室内设计中，多以原木色为主，突出强调了自然元素，加深踏实和朴素的风格。自然元素给人的视觉影响是安详和镇定的，达到静思和反省的作用，所以日式风格总是伴有禅意。

←↑日式风格中使用的原色木材：日式风格通过艺术效果表达出淡雅、简约、深邃的禅意。让人有种与大自然融合之感，所以原色木材是日式风格中必不可缺的材料。

↑日式风格中的图饰及门窗：有时也用精致典雅的花纹图饰来作为点缀。整体的布置简约、优雅，同时强调自然色彩魅力的展现。日式风格中的门窗简洁透光，家具大都低矮，整个看上去宽敞明亮。

5.4 东南亚风格

高明度的色彩让人感到活泼、轻快，低明度的色彩则会给人沉稳、厚重的感觉。明度差较小的色彩搭配在一起，可以塑造出优雅、自然的空间氛围，使人感到温馨、舒适。明度。对比对视觉影响力也最大、最基本，将不同明度的两个色并置在一起时，便会产生明的更明、暗的更暗的色彩现象。

←↓东南亚风格家居：室内空间设计以其来自热带雨林的自然之美和浓郁的民族特色深受人们的喜爱，在我国珠三角地区受到热烈追捧。

各种各样色彩艳丽的布艺装饰是东南亚风格中的常用品，能够令气氛活跃起来。深色的家具适宜搭配色彩鲜艳的装饰，例如，大红、嫩黄、彩蓝；而浅色的家具则应该选择浅色或者对比色，例如，米色可搭配白色或黑色，前者是温馨感，后者是跳跃感。

↑东南亚风格家居中的布艺：在布艺色调的选用，东南亚风格标志性的炫色系列多为深色，沉稳中透着贵气。

第1章 色彩基础

第2章 空间色彩的调整与运用

第3章 色彩印象

第4章 色彩搭配与使用人群

第5章 不同风格的色彩搭配

第6章 住宅空间配色案例

第7章 公共空间配色案例

第8章 成功空间配色方式

在东南亚风格中，藤器既富吸引力又价格便宜，能应用在朴素、优雅的氛围，因此大受欢迎；编织而成的布艺及厚重耐用的地毯打破了藤艺家艺色彩较单调的特点，一张沙发或一张椅子，存在着几种不同的颜色，给人一种现代又自然的感觉，别具一格。

→东南亚风格家居中的藤器：东南亚风格家饰特有的棕色、实木、藤条的材质，通常会给视觉带来厚重之感，但是如今现代生活需要清新质朴进行调和。

←东南亚风格家居的家具：大部分的东南亚风格的家具都采用两种以上不同材料混合编织而成。藤条与竹条或木片，材料间的宽、窄、深、浅，交相辉映，形成对比，各种编织手法的混合运用令家具变成了手工艺术品，每一个细节都值得细细品味。

→东南亚风格家居中的配饰：往往采用大红色的东南亚经典漆器，金色、红色的脸谱，金属材质的灯饰，能让空间散发出浓浓的异域民族气息，禅意十足，富有哲理。

5.5 北欧风格

北欧风格是指欧洲北部国家挪威、丹麦、瑞典、芬兰及冰岛等国的室内艺术设计风格，具有简洁、自然、人性化的特点。北欧风格的典型特征是崇尚自然、尊重传统工艺技术。北欧风格在满足大众利益的同时，也处处体现着对小众的关怀，例如，消除残障人士在生活上的不便，为其进行便捷的人性化设计等。

↑北欧风格家居：北欧风格有着天人合一的空间氛围。无论是材质的精挑细选，还是工艺的至纯至真，这种人本主义的态度都获得了全世界的普遍认可。北欧家具以简约著称，具有很强的后现代主义特色，注重流畅的线条设计，既回归自然又充满时尚感，反映出都市人新时代的价值观念与生活旋律。

↑北欧风格家居的常用材料：木材是北欧室内设计的灵魂。上等的枫木、云杉、松木、橡木和白桦是制作各种家具的主要材料，其木材本身所具备的细密质感、自然色彩以及天然纹理等融入到家具设计之中。

北欧风格注重人与自然、人与社会、人与环境的科学有机的结合，集中体现了环保设计、绿色设计、可持续发展设计的现代环保理念；北欧风格对于传统手工艺和天然材料的尊重与热爱，使得它在形式上更为柔和，富有浓厚的人情味。在家具的设计上注重功能，简化设计，线条简练，多用明快的中性色。

第1章 色彩基础
第2章 空间色彩的调整与运用
第3章 色彩印象
第4章 色彩搭配与使用人群
第5章 不同风格的色彩搭配
第6章 住宅空间配色案例
第7章 公共空间配色案例
第8章 成功空间配色方式

←北欧风格室内的顶面、立面、底面三个面，完全不用纹样和图案装饰，只用线条、色块来区分点缀。在家具设计方面，北欧风格的家具完全不使用雕花与纹饰，家具产品的形式多样。具有简洁、直接、功能化且贴近自然的特点。在处理空间方面，一般强调室内空间宽敞、内外通透，最大限度引入自然光。家居色彩的选择上，偏向浅色如白色、米色、浅木色。常常以白色为主色调，使用鲜艳的纯色为点缀；或者以黑白两色为主色调，不加入其他任何颜色。空间给人的感觉干净明朗，绝无杂乱之感。此外，白、黑、棕、灰和淡蓝等颜色都是北欧风格装饰中常使用到的设计风格。在窗帘、地毯等软装搭配上，偏好棉麻等天然质地。

　　北欧风格分为两种，一种是"实用主义"，一种是"极简主义"，元素环保、简洁，极尽原本的色彩和构造。北欧风格要注意的是底色为简洁纯净的颜色，然后关键是软装的搭配，搭配不好，就没有那种感觉和意境，搭配得好才能出现那种意境。布艺以棉麻为主，沙发、窗帘、地毯要显示出质感。框边用原木色的结构，包括电视柜、一些装饰隔板、边柜、餐桌。灯具需要很简洁但又十分有线条感的。

↑北欧风格家居色彩特点：北欧地区由于地处北极圈附近，气候非常寒冷，有些地方还会出现"极夜"现象，因此，北欧人在家居色彩的选择上，经常会使用那些鲜艳的纯色进行点缀。

5.6 欧式田园风格与法式风格

1.欧式田园风格

欧式田园风格重在对自然的表现。欧式田园风格在对自然表现的同时又强调了浪漫与现代流行主义的特点。宽大、厚重的家具是欧式田园风格中必要的元素。墙面材质最好采用壁纸或选用优质乳胶漆。地面材料以石材或地板为佳。欧式客厅非常需要用家具和软装饰来营造整体效果，例如深色的橡木或枫木家具，色彩鲜艳的布艺沙发等。

↑欧式田园风格家居：欧式田园风格的设计追求心灵的自然回归感，给人一种浓郁的气息。欧式田园风格的特点主要在于家具的洗白处理及大胆的配色，以明媚的色彩设计方案为主要色调。家具的洗白处理能使家具呈现出古典美，而红、黄、蓝三色的配搭，则显露着土地肥沃的景象，而椅脚被简化的卷曲弧线及精美的纹饰也是欧式优雅乡村生活的体现。

第1章 色彩基础
第2章 空间色彩的调整与运用
第3章 色彩印象
第4章 色彩搭配与使用人群
第5章 不同风格的色彩搭配
第6章 住宅空间配色案例
第7章 公共空间配色案例
第8章 成功空间配色方式

欧式田园风格的家具多以奶白、象牙白等白色为主，优雅的造型，细致的线条和高档油漆处理，使得每一件家具具有含蓄温婉内敛而不张扬的气质，散发着优雅从容的生活气息。欧式田园风格的设计在造型方面具有曲线趣味、非对称法则、色彩柔和艳丽、崇尚自然等特点。欧式田园风格注重家庭成员之间的交流，注重私密空间与开放空间的相互区分，对房间的布置以功能性和实用舒适为重点。

↑欧式田园风格家居的用色：欧式田园风格的空间在软装和用色上的要求非常统一，花卉图案的家具和壁纸，散落于各个角落的藤制器皿，令人不知不觉地沉浸在欧式田园的清新舒适之中，放松身心。

2.法式风格

法式风格是欧洲家具和建筑文化的顶峰。法式风格讲究点缀在自然中，不在乎占地面积的大小，追求色彩与内在的联系，使人感到活动空间很大。法式风格的家具可分成新古典、哥特式、洛可可、巴洛克四种，其中，洛可可风格以流畅的线条和唯美的造型著称，受到了广泛的认可和推崇。洛可可风格具有女性的柔美气质，最显著的特点就是以芭蕾舞为原型的椅子腿，极富韵律美，注重体现曲线的特色，采用弧弯式并配有兽爪抓球椅脚，处处体现与众不同。

↑法式风格家居：法式风格延伸了法国人对美的追求，推崇浪漫、优雅和高贵，基于对理想情景的考虑，追求诗意与诗境，力求在气质上能够给人深度的感染力。

法式风格偏于庄重大方，体现法式浪漫，最集中的表现是在家具设计的方面，主要特征在于布局上突出轴线的对称，高贵典雅、气势恢宏。细节处理上注重雕花、线条，制作工艺精细考究；整体上的金碧辉煌、典雅气派，充分彰显尊贵气质。法式风格常采用洗白的处理与华丽的配色，洗白手法传达出法式特有的内敛特质与风情韵味，配色以白、金、深色的木色为主色调。选用结构粗厚的木制家具，例如，圆形的鼓型边桌、大肚斗柜，搭配古典的细节镶饰，呈现一种宫廷贵族般的品位，富含艺术与文化气息。

→法式风格家居的家具：法式家具的椅座及椅背分别有坐垫设计，都是以华丽的锦缎织成，以增加就座时的舒适感，除此之外，家具上还有大量镶嵌、镀金与亮漆的装饰细节。人们可以从法式的家具中感受到法国悠久的历史文化，感受法国人完美与感性的特有气质。

↑法式风格家居的用色：在素雅的基调中温和跳动，渲染出一种柔和，高雅的气质，但用色多时要注意敏感度的把握。

↑法式风格家居的用色要点：精致优雅的法式风格拒绝浓烈的色彩，推崇自然而不造作的用色。例如，蓝色和绿色。这里特别要强调的是紫色，紫色本身就是精致与浪漫的代表色，可搭配自然质朴的象牙白和奶白色。优雅、奢华的法式氛围还需要点缀适用的装饰色彩，例如金、紫、红等。

第1章　色彩基础
第2章　空间色彩的调整与运用
第3章　色彩印象
第4章　色彩搭配与使用人群
第5章　不同风格的色彩搭配
第6章　住宅空间配色案例
第7章　公共空间配色案例
第8章　成功空间配色方式

5.7　美式乡村风格

　　美式乡村风格起源于18世纪拓荒者居住的房子，具有刻苦创新的开垦精神，色彩和造型会较为保守含蓄。美式乡村风格具有浓郁的乡村气息，以满足人的享受为宗旨。美式乡村风格家具材质以白橡木、桃花心木或樱桃木为主，线条简单，气派实用。我们一般常说的美式乡村风格，主要是指美国西部的乡村风格，主要运用有节木头以及拼布，使用就地取材的松木、枫木等，不经过雕饰，保留材料原本的质感和纹理，创造出一种古朴的独特气质，展现了原始粗犷的美式风格。

↑美式乡村风格家居：美式乡村风格具有务实、成熟的特征。风格突出且格调惬意，空间中休闲、雅致，多以淡雅的板岩色和古董白为主色，线条虽然随意，但是干净、利落。

　　美式乡村风格将不同风格的优秀元素融合集中，强调回归自然，空间氛围轻松、舒适。美式乡村风格突出生活舒适和自由的特点，无论是家具的笨重，还是配饰的沧桑质感，都让人们在其中随意放松。

←↑美式乡村风格家居的家具：美式家具将许多欧洲贵族的家具平民化，简化的线条、粗犷的体积、自然的材质，较为含蓄保守的色彩及造型，既有古典主义的浪漫优美，又有新古典主义的功能实用，古典中带一丝随意，随意中带一丝优雅，简洁明快，易于整理，非常适合当下人们的生活使用。

整体来说，美式乡村风格传达了一种简单、舒适、有组织、多功能的设计思想，营造能够释放压力和解放心灵的空间氛围。家具的造型、纹路、雕饰和色调的细腻经典，使人流连忘返。特别是对墙面色彩的选择上，怀旧、温馨，散发着自然味道的色彩是美式乡村风格的典型特征。

←↓美式乡村风格家居的用色：美式乡村风格的色彩以自然色调为主，绿色、土褐色最为常见；壁纸多为纯纸浆质地；家具颜色多仿旧漆，式样厚重；设计中多采用地中海样式的拱门。

第1章 色彩基础

第2章 空间色彩的调整与运用

第3章 色彩印象

第4章 色彩搭配与使用人群

第5章 不同风格的色彩搭配

第6章 住宅空间配色案例

第7章 公共空间配色案例

第8章 成功空间配色方式

5.8　地中海风格

　　充满亲和力的田园风情与柔和色调组成的地中海风格被全世界普遍接受。地中海地区物产丰富、海岸线长、多样的建筑风格与强烈的日照，这些因素造成了地中海风格自由奔放、色彩明亮多样的特点。地中海是西方古文明的发祥地之一，在拉丁文中，地中海的意思是地球的中心，自古以来，地中海不仅是西方文明的摇篮，更是重要的世界贸易中心。

↑地中海风格家居：地中海风格按照地域景观环境分为三种典型的颜色搭配：蔚蓝色的海岸与白色沙滩，白色村庄与沙滩和碧海蓝天，沙漠、岩石、泥、沙等自然景观颜色。

　　地中海风格有自己独特的美学特点。地中海风格有着逼近自然的柔和色彩，设计上注意空间的搭配，充分且合理地利用每一寸空间。地中海风格的基础是明亮而大胆、色彩丰富而简单、具有明显特色的。在进行地中海风格的室内空间设计时，要保持简单的概念，追寻光线、取材自然，大胆运用色彩与样式。

↑地中海风格家居的用色：白色和蓝色是两个主打的颜色。在打造地中海风格的空间时，配色要给人一种阳光而自然的感觉。

地中海风格通常会采用白灰泥墙、连续拱廊、拱门、陶砖、海蓝色的屋瓦和门窗这几种元素。但是要注意的是，这些设计元素并不能简单地拼凑在一起，一个完美的空间设计，必须要有所设计风格的灵魂。地中海风格属于"蔚蓝色的浪漫情怀，海天一色、艳阳高照的纯美自然"。

↑→地中海风格的建筑特色是拱门与半拱门和马蹄状的门窗。在建筑中的拱门及回廊，通常采用几个相连或垂直交接的方式，塑造出一种延伸般的透视感。除此之外，还可以通过半穿凿或者全穿凿的方式来塑造室内空间的景中窗。

 图解小贴士

地中海风格独特的装饰方式

　　地中海风格的装饰手法具有非常鲜明的特征。例如，家具多采用彩度低、线条简单且边缘圆润的木质家具。地面多用赤陶或石板。在室内的窗帘、沙发套等多以低彩度的色调和棉织品为主。条纹格子或者素雅碎花图案是主要的风格。另外，锻打铁艺家具是地中海风格独特的美学产物。同时，地中海风格的空间要注意绿植美化，来营造地中海风格的自然风情。

第1章 色彩基础
第2章 空间色彩的调整与运用
第3章 色彩印象
第4章 色彩搭配与使用人群
第5章 不同风格的色彩搭配
第6章 住宅空间配色案例
第7章 公共空间配色案例
第8章 成功空间配色方式

5.9 工业风格

　　1760年的工业革命，改变了人类的生活方式、生产方式以及整个社会解构。工业革命的爆发让机器生产得到巨大飞跃，工业艺术也由此诞生，同时，设计与生产也发生了分歧，逐步走向专业化的道路。工业风格粗犷而神秘，个性十足。在过去，工业风格多存在于废弃的旧仓库或者车间里，与奢华浪漫没有半点关系，是一种非常原始的工业美学。工业风格比较适合复式空间，表现冷静简洁的空间氛围。工业风格使用的家具大多采用钢、铁、木材组合制造而成，经过磨损、回收、再利用达到最好的效果。

↑工业风格家居的用色：工业风格的室内空间常采用无彩色系作为基调。黑色给人神秘冷酷的感觉，白色则让人感觉静谧优雅，黑与白的搭配再点缀其他单色，能够将工业风格完美体现出来。

↑工业风格家居的墙顶面：工业风格的墙面常保留原有建筑的部分面貌。例如，将不加装饰的墙面裸露出来，在顶棚上不会有特别的设计，能够看到裸露的金属管道等；通过将位置与颜色的合理安排，形成独特的视觉元素。

↑工业风格家居的家具：工业风格离不开金属，但是单纯的金属家具会让空间过于冷调，不适于现代人的生活方式和审美标准。金属可以与木质或者皮制元素搭配在一起，显得更加有质感。金属骨架、双关节灯具、多种样式的灯泡以及布料编制的电线等，都是工业风格中常见的元素。

不同设计风格的色彩配置

风格	图例	色彩配置方法
现代风格与简约风格		现代风格的室内空间，色彩要跳跃出来。空间中大量运用高纯度的色彩，大胆灵活
中式古典风格与新中式风格		中式古典风格的色彩设计以黑、青、红、紫、金、蓝等明度高的色彩为主，代表寓意吉祥，雍容优雅。深色调与其他纯度较高色彩进行搭配，会让空间的层次感增加，增添空间的活力

第1章 色彩基础

第2章 空间色彩的调整与运用

第3章 色彩印象

第4章 色彩搭配与使用人群

第5章 不同风格的色彩搭配

第6章 住宅空间配色案例

第7章 公共空间配色案例

第8章 成功空间配色方式

（续）

风格	图例	色彩配置方法
传统日式风格与现代日式风格		多以原木色为主，与白色形成对比，突出强调了自然元素，加深踏实和朴素的风格，总是伴有禅意
东南亚风格		多使用中性色进行柔和过渡，即使是用黑、白、灰来营造强烈的效果，稳定空间平衡，打破其营造的视觉膨胀感
北欧风格		以米色、白色、灰色为主，配置明快的中性色来提升空间审美效果
欧式田园风格与法式风格		多以奶白、象牙白等白色为主，优雅的造型，细致的线条和高档油漆处理
美式乡村风格		以自然色调为主，绿色、土褐色最为常见；壁纸多为纯纸浆质地；家具颜色多仿旧漆，式样厚重
地中海风格		采用白灰泥墙、连续拱廊、拱门、陶砖、海蓝色的屋瓦和门窗
工业风格		采用无彩色系作为基调，黑色给人神秘冷酷的感觉，白色则让人感觉静谧优雅，黑与白的搭配再点缀其他单色

第6章

识读难度：★★★★☆

核心概念：客厅、餐厅、卧室、书房、卫浴间

住宅空间配色案例

章节导读：

　　住宅空间是我们生活中最常接触到的空间，在色彩搭配时，可以采取就近原则，从住宅空间的色彩搭配着手学习，以小见大，分析不同的色彩心理，掌握科学的色彩搭配，从而才能更好地进行其他空间的色彩设计。本章列举了包括客厅、餐厅、卧室、书房以及卫浴间这六个空间的色彩搭配案例，并提供了大量的色彩搭配方案供大家参考学习。

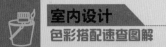
6.1 客厅

1.清爽客厅

下面分别以几张家居装修图片作为案例，解读清爽客厅中的配色。

浅灰色作为主色调，能体现高级时尚的感觉，与蓝绿色搭配在一起具有浓郁的时尚感。

深棕色的点缀避免了蓝绿色与浅色调过于冷清的氛围，泥土气息的色彩也让人十分亲切。

白色与任何颜色都百搭，与蓝绿色更能增加室内空间的清凉感。

蓝绿色除了拥有蓝色清爽的感觉外，还能营造自然平静的氛围。

C7 M5 Y9 K0

C12 M9 Y8 K0

C0 M0 Y0 K0

C100 M0 Y19 K23

C62 M62 Y73 K8

↑清爽客厅案例及配色：蓝色与白色的搭配是非常经典的配色，蓝绿色除了能够增加清爽之外，还能带来大自然的感觉，令人亲切舒适。同时，为了避免空间中的氛围过于冷硬，加入深棕色进行点缀。

第1章 色彩基础

第2章 空间色彩的调整与运用

第3章 色彩印象

第4章 色彩搭配与使用人群

第5章 不同风格的色彩搭配

第6章 住宅空间配色案例

第7章 公共空间配色案例

第8章 成功空间配色方式

暖色调的蓝色为室内空间中带来清爽、明快的氛围。

灰色与蓝色的点缀色既活跃了空间的氛围，又呼应了空间中其他家居的颜色。

纯白色作为背景色，使得整个室内空间干净、明亮。

品红色在以蓝白为主的主色调中非常醒目，打破了空间中的单调感，活力十足。

浅棕色的木地板带有温暖、柔和的特点，为空间带来一丝暖意，使人感到亲切。

C0 M0 Y0 K0

C73 M15 Y24 K0

C0 M0 Y0 K40

C50 M2 Y5 K0

C0 M100 Y0 K0

C27 M35 Y45 K0

↑ 清爽客厅案例及配色：营造清新的空间一定会使用到冷色系，但是居住空间要以人的舒适感受为第一要务。冷暖色的配合使用是十分必要的，柔和的原木色既能够凸显主体风格又不失温暖的感觉。

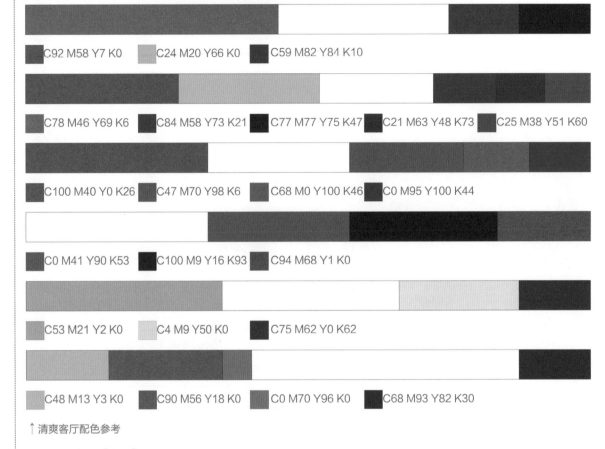

C92 M58 Y7 K0　　C24 M20 Y66 K0　　C59 M82 Y81 K10

C78 M46 Y69 K6　　C84 M58 Y73 K21　　C77 M77 Y75 K47　　C21 M63 Y48 K73　　C25 M38 Y51 K60

C100 M40 Y0 K26　　C47 M70 Y98 K6　　C68 M0 Y100 K46　　C0 M95 Y100 K44

C0 M41 Y90 K53　　C100 M9 Y16 K93　　C94 M68 Y1 K0

C53 M21 Y2 K0　　C4 M9 Y50 K0　　C75 M62 Y0 K62

C48 M13 Y3 K0　　C90 M56 Y18 K0　　C0 M70 Y96 K0　　C68 M93 Y82 K30

↑ 清爽客厅配色参考

2.温馨客厅

　　充满温馨感的客厅，是舒缓而平和的空间氛围，不能太过于活跃，也不能过于沉闷，可以用类似型配色去表现。

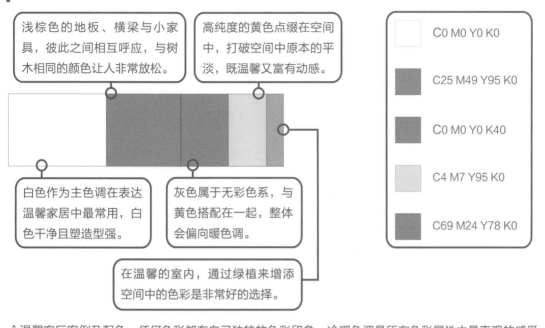

浅棕色的地板、横梁与小家具，彼此之间相互呼应，与树木相同的颜色让人非常放松。

高纯度的黄色点缀在空间中，打破空间中原本的平淡，既温馨又富有动感。

白色作为主色调在表达温馨家居中最常用，白色干净且塑造型强。

灰色属于无彩色系，与黄色搭配在一起，整体会偏向暖色调。

在温馨的室内，通过绿植来增添空间中的色彩是非常好的选择。

C0 M0 Y0 K0

C25 M49 Y95 K0

C0 M0 Y0 K40

C4 M7 Y95 K0

C69 M24 Y78 K0

↑温馨客厅案例及配色：任何色彩都有自己独特的色彩印象，冷暖色调是所有色彩属性中最直观的感受。我们常常用暖色调的色彩搭配去表现温馨的室内空间氛围。

↑↓黄色系的搭配：黄色系的颜色是非常温暖的颜色，黄色与它的类似色或者同相色搭配在一起具有强烈的温暖感，尽管如此，也要注意不要大面积的使用高纯度的黄色，高纯度的黄色会非常刺激眼睛，可以将黄色的纯度降低使用。

第1章 色彩基础

第2章 空间色彩的调整与运用

第3章 色彩印象

第4章 色彩搭配与使用人群

第5章 不同风格的色彩搭配

第6章 住宅空间配色案例

第7章 公共空间配色案例

第8章 成功空间配色方式

主墙的暖橙色是用来营造温暖感的重要手段，家居中几乎没有暖色，可以面积来渲染。

小面积的灰绿色点缀在空间中，能与灰蓝色的沙发互相呼应，空间中产生联系。

白色的墙面与皮毛质感的地毯和抱枕令人感觉十分温柔。

灰蓝色属于中性色，能够压制因为暖橙色的面积造成的过于热烈的氛围。

C0 M0 Y0 K0

C3 M44 Y91 K0

C50 M20 Y23 K0

C68 M34 Y52 K1

↑温馨客厅案例及配色：认为温馨空间就是尽量所有的颜色都使用暖色的想法是错误的，面积过多的暖色不仅不会让空间产生温馨感，甚至会让空间变得憋闷、压抑。在存在大面积暖色的住宅环境中，想要营造温馨的室内可以通过适当的中性色去压制暖色，还可以用对决色进行点缀。

C4 M7 Y23 K0　　C7 M52 Y92 K42

C7 M21 Y76 K0　　C4 M9 Y19 K0　　C7 M40 Y83 K25　　C58 M83 Y67 K8　　C65 M79 Y23 K81

C0 M25 Y86 K0　　C0 M38 Y83 K20　　C1 M4 Y86 K80　　C26 M0 Y22 K35　　C17 M85 Y100 K59

C2 M16 Y88 K0　　C56 M97 Y95 K16　　C51 M64 Y94 K7　　C18 M28 Y51 K0　　C25 M0 Y56 K0

C14 M15 Y40 K0　　C67 M82 Y78 K22　　C3 M4 Y27 K0　　C10 M52 Y2 K0　　C2 M38 Y89 K0

↑温馨客厅配色参考

3.都市客厅

都市客厅给人的印象是冷峻、素雅的，无彩色系或者低纯度的灰色都能够将这种氛围表现出来，并且十分具有时尚感。

第1章 色彩基础

第2章 空间色彩的调整与运用

第3章 色彩印象

第4章 色彩搭配与使用人群

第5章 不同风格的色彩搭配

第6章 住宅空间配色案例

第7章 公共空间配色案例

第8章 成功空间配色方式

水泥石板本身具有冰冷的质感特点，用来做电视背景墙十分个性，有强烈的现代感。

黑色的使用在营造都市客厅中是十分常见的，时尚感十足，并且能够丰富空间的层次。

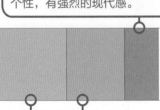

	C20 M24 Y51 K0
	C29 m23 y35 k0
	C38 M27 Y27 K0
	C14 M23 Y43 K0
	C13 M42 Y91 K0

暖灰色与茶色让空间氛围沉稳、低调，仿自然的花纹又令人非常放松。

原木色的点缀呼应了石板与墙面、地面的花纹。

深橘色的点缀活跃了整个空间的氛围，让空间不至于太过冰冷和平淡。

↑都市客厅案例及配色：在灰色系的氛围中，添加茶色，能够让空间变得稳重、雅致。

米白色给人温暖舒适的感觉，很好地柔和了空间中黑白灰的对比。

原木色点缀在空间中的各个角落，打破了生硬感，呼应了地板与沙发的颜色。

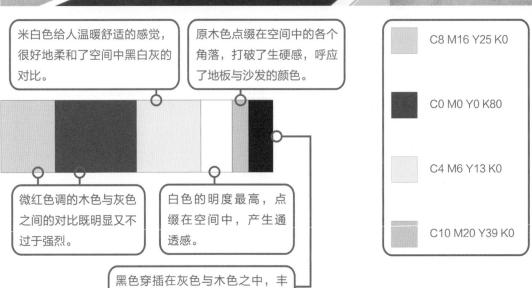

C8 M16 Y25 K0

C0 M0 Y0 K80

C4 M6 Y13 K0

C10 M20 Y39 K0

微红色调的木色与灰色之间的对比既明显又不过于强烈。

白色的明度最高，点缀在空间中，产生通透感。

黑色穿插在灰色与木色之中，丰富了空间中的层次感。

↑都市客厅案例及配色：灰色具有强烈的人工感，是非常具有代表性的都市色彩，搭配木色和白色，能够营造很有质感，格调优雅的都市氛围的客厅。

| C0 M0 Y0 K60 | C67 M61 Y97 K80 | C20 M24 Y29 K0 | C21 M60 Y48 K73 |

| C25 M38 Y51 K60 | C16 M35 Y48 K33 | C20 M24 Y29 K0 | C7 M61 Y96 K30 |

| C25 M38 Y51 K60 | C20 M9 Y11 K0 | C80 M0 Y0 K86 |

| C0 M0 Y0 K50 | C67 M82 Y78 K22 | C47 M56 Y95 K6 | C31 M83 Y25 K0 |

| C44 M35 Y40 K0 | C16 M20 Y36 K0 |

| C44 M35 Y40 K0 | C64 M32 Y37 K1 | C22 M15 Y19 K0 |

↑ 都市客厅配色参考

4.活力客厅

具有活力感的客厅能给人动感及愉悦享受，运用色彩搭配就能塑造活力客厅。

第1章　色彩基础

第2章　空间色彩的调整与运用

第3章　色彩印象

第4章　色彩搭配与使用人群

第5章　不同风格的色彩搭配

第6章　住宅空间配色案例

第7章　公共空间配色案例

第8章　成功空间配色方式

灰色是中性色，也是最百搭的颜色之一，中和整个空间的色彩亮度。

深色调的蓝色与对决色红色相配，由于降低了纯度，所以不会过于刺激，并且深色调具有收缩的作用。

C51 M76 Y85 K5

C19 M15 Y20 K0

C0 M100 Y100 K0

C89 M69 Y22 K1

C31 M2 Y6 K0

棕色的色彩明度低于红色与蓝色，在空间中起到色彩的过渡作用。

红色采用了饱和度很高的色彩，具有吸引力，点缀在空间中，活力十足。

浅色调的蓝色介于空间中大面积的深蓝色与白色之间，起到调和空间色彩的作用。

↑活力客厅案例及配色：可以采用明度和纯度较高的色调作为主色。在色相的组合上，可以采用暖色为中心，搭配冷色；或者以冷色为中心，搭配暖色。全相型的配色方式最适合来表现出活力氛围的搭配。

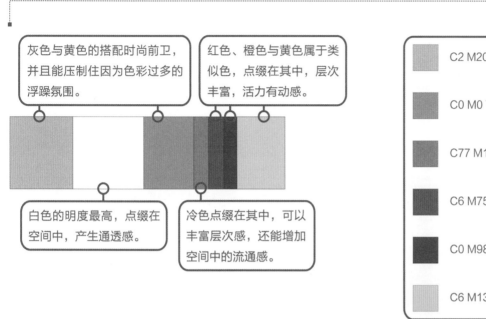

灰色与黄色的搭配时尚前卫，并且能压制住因为色彩过多的浮躁氛围。

红色、橙色与黄色属于类似色，点缀在其中，层次丰富，活力有动感。

白色的明度最高，点缀在空间中，产生通透感。

冷色点缀在其中，可以丰富层次感，还能增加空间中的流通感。

C2 M20 Y96 K0

C0 M0 Y0 K40

C77 M19 Y0 K0

C6 M75 Y74 K0

C0 M98 Y92 K0

C6 M13 Y50 K0

↑活力客厅案例及配色：明亮的黄色、橙色和红色系，具有十分热烈、活跃的色彩感觉，是用来表现活力氛围必不可少的色彩。高纯度的绿色和蓝色作为配角色或者点缀色，能够使色彩组合更加开放，更具活力。

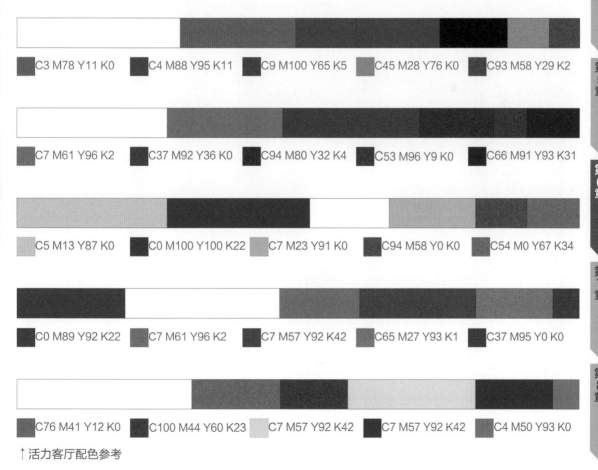

C3 M78 Y11 K0　C4 M88 Y95 K11　C9 M100 Y65 K5　C45 M28 Y76 K0　C93 M58 Y29 K2

C7 M61 Y96 K2　C37 M92 Y36 K0　C94 M80 Y32 K4　C53 M96 Y9 K0　C66 M91 Y93 K31

C5 M13 Y87 K0　C0 M100 Y100 K22　C7 M23 Y91 K0　C94 M58 Y0 K0　C54 M0 Y67 K34

C0 M89 Y92 K22　C7 M61 Y96 K2　C7 M57 Y92 K42　C65 M27 Y93 K1　C37 M95 Y0 K0

C76 M41 Y12 K0　C100 M44 Y60 K23　C7 M57 Y92 K42　C7 M57 Y92 K42　C4 M50 Y93 K0

↑活力客厅配色参考

第1章 色彩基础

第2章 空间色彩的调整与运用

第3章 色彩印象

第4章 色彩搭配与使用人群

第5章 不同风格的色彩搭配

第6章 住宅空间配色案例

第7章 公共空间配色案例

第8章 成功空间配色方式

6.2 餐厅

1.食欲餐厅

在餐厅中，使用具有热烈感的色彩具有促进食欲的作用。

蓝色在一般情况下不适合用在餐厅中，但是偏暖灰的蓝色可以更加突出黄色，增进食欲。

偏灰的暖色调，为空间中带来温馨舒适的感觉，能够让人在进餐时放松情绪。

亮丽的黄色不仅能够增进食欲，还能让空间富有活力，避免空间中的氛围过于乏味。

黑色与绿色的点缀能够丰富空间的层次感。

C3 M7 Y84 K0

C26 M6 Y15 K0

C36 M43 Y73 K1

C18 M25 Y42 K0

C58 M25 Y95 K1

↑食欲餐厅案例及配色：高纯度的黄色、橙色和红色等，这些暖色带有刺激感和欢乐感，在餐厅空间的色彩搭配中，要注意搭配一些纯度低或者明度低的色彩。

第1章　色彩基础

第2章　空间色彩的调整与运用

第3章　色彩印象

第4章　色彩搭配与使用人群

第5章　不同风格的色彩搭配

第6章　住宅空间配色案例

第7章　公共空间配色案例

第8章　成功空间配色方式

冷色与暖色有强烈的对比，加入灰色的蓝色，刺激减弱，但是更能够突出高纯度的用餐区域。

黄色桌布搭配暖光灯，可以让食物看起来更加诱人。

C3 M98 Y85 K0

C58 M33 Y32 K0

C16 M55 Y95 K0

C47 M74 Y71 K2

C6 M23 Y96 K0

C3 M9 Y49 K0

高纯度的红色餐椅将用餐区域打造成视觉中心，同时，高纯度的红色能够刺激人们的食欲。

砖砌柱子与复古红色柜子，与格子餐桌相呼应，美式风格与工业风格的混搭独具时尚感。

黑色点缀在其中让空间的层次感更加丰富。

↑ 食欲餐厅案例及配色：高纯度的色彩将空间氛围渲染得非常热烈，让人产生愉悦感，进而促进食欲。通过灰色调的衬托，让色彩看起来更加鲜亮，加强餐桌视觉中心的地位。

C19 M51 Y97 K0　　C36 M99 Y97 K2　　C0 M87 Y96 K0　　C33 M83 Y99 K1

C0 M75 Y100 K8　　C70 M81 Y97 K74　　C0 M19 Y59 K12

C11 M9 Y12 K0　　C46 M73 Y99 K6　　C3 M4 Y27 K0　　C4 M11 Y97 K0　　C2 M38 Y89 K0

↑ 食欲餐厅配色参考

2.优雅餐厅

优雅的餐厅氛围可以是高贵典雅，也可以是浪漫抒怀。

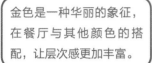

金色是一种华丽的象征，在餐厅与其他颜色的搭配，让层次感更加丰富。

浅黄色的地板与酒柜、窗帘交相呼应，增添了高贵雅致的氛围。

 C49 M98 Y89 K8

 C11 M41 Y80 K0

 C78 M81 Y80 K65

 C17 M29 Y84 K0

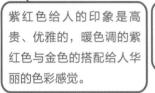

紫红色给人的印象是高贵、优雅的，暖色调的紫红色与金色的搭配给人华丽的色彩感觉。

深棕色位于视线中心的位置，具有稳定空间的作用。

↑ 优雅餐厅案例及配色：紫红色的浪漫点缀金色的华贵，让整个餐厅氛围变得高雅精致。

第1章　色彩基础

第2章　空间色彩的调整与运用

第3章　色彩印象

第4章　色彩搭配与使用人群

第5章　不同风格的色彩搭配

第6章　住宅空间配色案例

第7章　公共空间配色案例

第8章　成功空间配色方式

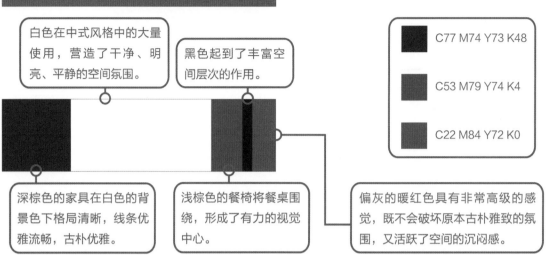

白色在中式风格中的大量使用，营造了干净、明亮、平静的空间氛围。

黑色起到了丰富空间层次的作用。

C77 M74 Y73 K48

C53 M79 Y74 K4

C22 M84 Y72 K0

深棕色的家具在白色的背景色下格局清晰，线条优雅流畅，古朴优雅。

浅棕色的餐椅将餐桌围绕，形成了有力的视觉中心。

偏灰的暖红色具有非常高级的感觉，既不会破坏原本古朴雅致的氛围，又活跃了空间的沉闷感。

↑优雅餐厅案例及配色：中式风格的室内，家具古朴的质感与线条本身就能够营造出一种优雅的氛围。棕色调的色彩与花束的装饰营造了一种自然清新的氛围。

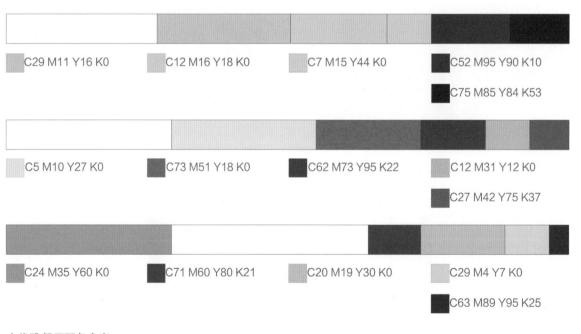

C29 M11 Y16 K0　　C12 M16 Y18 K0　　C7 M15 Y44 K0　　C52 M95 Y90 K10

C75 M85 Y84 K53

C5 M10 Y27 K0　　C73 M51 Y18 K0　　C62 M73 Y95 K22　　C12 M31 Y12 K0

C27 M42 Y75 K37

C24 M35 Y60 K0　　C71 M60 Y80 K21　　C20 M19 Y30 K0　　C29 M4 Y7 K0

C63 M89 Y95 K25

↑优雅餐厅配色参考

图解小贴士

色彩影响食欲

　　美国的一项研究证实：红色与黄色能够勾起人们的食欲，而蓝色则能在一定程度上抑制食欲，绿色代表着自然、新鲜，让人们倾向使用绿色食品。高明度、高饱和度的暖色属于膨胀色，在用餐时还能从心理上拓宽空间。

第1章 色彩基础

第2章 空间色彩的调整与运用

第3章 色彩印象

第4章 色彩搭配与使用人群

第5章 不同风格的色彩搭配

第6章 住宅空间配色案例

第7章 公共空间配色案例

第8章 成功空间配色方式

6.3 卧室

1.温馨卧室

温馨是一种兼具了温暖、安定和放松感的氛围，在卧室中可以用浅淡的暖色调做背景色提升温暖感，再用深一些的颜色进行点缀，增加安定感。

黄色给人的第一印象就是温暖明亮，不同明度与纯度的黄色，将空间中的层次划分清楚。

白色搭配黄色，能够在温馨的基础上增加整体的整洁感。

黑色可以活跃空间的层次感，更加突出主体的温馨。

C19 M33 Y53 K0

C7 M28 Y71 K0

C30 M47 Y89 K0

C9 M19 Y59 K0

↑温馨卧室案例及配色：接近黄色的米色系最能够体现出温馨的感觉，给人放松、舒适的感觉，色调淡雅，即使是大面积的使用，也不会带来压抑感。色彩对比度要低，整体的色彩搭配要追求协调感。

不同层次的黄木色，营造了自然温馨的空间氛围，实木质感的地板与家具在视觉上充满暖意。

C31 M53 Y84 K0

C51 M71 Y48 K2

C53 M74 Y97 K11

C73 M87 Y86 K47

C64 M54 Y58 K8

紫红色的地毯带来了柔软感与温暖，并能够衬托白色的主体家具。

黑色、暖灰色与深褐色可以丰富空间的层次感，增强了空间的稳定感。

C9 M32 Y91 K0　　C44 M45 Y73 K2　　C16 M6 Y48 K0　　C25 M4 Y8 K0

C13 M22 Y27 K0　　C9 M65 Y49 K0　　C38 M44 Y58 K1　　C66 M87 Y80 K25

C31 M41 Y75 K0　　C68 M77 Y90 K33　　C9 M12 Y25 K0　　C0 M0 Y0 K90　　C72 M45 Y23 K0

C15 M12 Y63 K0　　C49 M53 Y74 K3　　C80 M73 Y72 K58　　C92 M91 Y47 K15　　C74 M85 Y87 K48

C9 M14 Y16 K0　　C56 M61 Y67 K5　　C3 M5 Y18 K0

↑温馨卧室配色参考

2.清爽卧室

　　卧室是休息放松的空间，整体的配色要以舒适感为主。清爽的卧室应该采取轻柔舒缓、低对比、平稳过渡的配色。接近于白色的明亮色，特别是蓝色和绿色，最能够体现清爽的感觉。

←清爽卧室案例及配色：白色是营造清爽室内必不可少的元素之一，以白色和蓝色搭配为主要色彩，通过降低明度，营造具有清爽感的卧室氛围，再用木色来增加室内的沉稳感与层次感，选择高纯度的红色和橙色进行小面积的点缀，既不会破坏原本清爽的空间氛围，又能够为室内带来活力。

蓝色与白色搭配在一起，能够营造出蓝天白云的感觉，十分清爽。

浅色调的实木地板与木质和藤编家具为室内带来温馨舒适的氛围。

白色作为主色，能够凸显干净、明亮的室内氛围，同时也能够给其他色彩的融合创造条件。

红色与橙色点缀在空间中，活跃了空间氛围，也为室内带来一丝暖意。

C33 M8 Y6 K0

C24 M37 Y64 K0

C0 M100 Y100 K0

C2 M84 Y93 K0

C16 M27 Y28 K0

第1章　色彩基础

第2章　空间色彩的调整与运用

第3章　色彩印象

第4章　色彩搭配与使用人群

第5章　不同风格的色彩搭配

第6章　住宅空间配色案例

第7章　公共空间配色案例

第8章　成功空间配色方式

原木色的地板与造型简洁的家具，搭配窗外的绿色景色，让整个空间看起来清爽、自然。

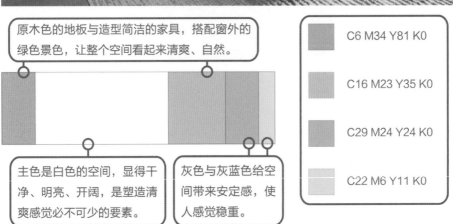

主色是白色的空间，显得干净、明亮、开阔，是塑造清爽感觉必不可少的要素。

灰色与灰蓝色给空间带来安定感，使人感觉稳重。

C6 M34 Y81 K0

C16 M23 Y35 K0

C29 M24 Y24 K0

C22 M6 Y11 K0

↑清爽卧室案例及配色：卧室中的清爽感要具备清新和舒适两种感受。使用蓝色或绿色时，不可大面积地使用暗沉色调；在使用暖色时，不宜大面积地采用高纯度暖色。在塑造清爽的卧室空间时，不宜采用厚重、复古的暖色调，会让空间变得沉闷、封闭。用大面积的暖色在营造清爽空间的时候要注意降低纯度，高纯度暖色可以点缀在空间中；在使用暖色时要注意搭配大面积的白色，营造明亮、整洁的效果。

C80 M41 Y20 K0　C56 M73 Y93 K11　C24 M7 Y7 K0　C20 M85 Y96 K0　C72 M11 Y0 K0

C27 M11 Y4 K0　C62 M26 Y98 K1　C45 M30 Y73 K1

C16 M1 Y9 K0　C4 M11 Y45 K0　C25 M19 Y26 K0　C49 M63 Y89 K5　C78 M55 Y75 K15

C28 M0 Y22 K0　C63 M74 Y90 K20　C6 M6 Y22 K0　C92 M79 Y49 K16　C92 M54 Y91 K27

C29 M6 Y10 K0　C92 M82 Y60 K38　C67 M73 Y83 K23　C17 M51 Y90 K0

C53 M28 Y59 K1　C86 M60 Y73 K29　C69 M83 Y89 K36　C3 M2 Y15 K0

↑清爽卧室配色参考

3.时尚卧室

黑、白、灰的组合经常出现在具有时尚感的环境之中，搭配具有颜色倾向的灰色，可以增添洒脱、睿智的氛围。

第1章　色彩基础

第2章　空间色彩的调整与运用

第3章　色彩印象

第4章　色彩搭配与使用人群

第5章　不同风格的色彩搭配

第6章　住宅空间配色案例

第7章　公共空间配色案例

第8章　成功空间配色方式

黑色与白色的组合是最经典时尚的，显得高档、具有品位和神秘感。

C18 M20 Y26 K0

C45 M36 Y29 K1

C80 M68 Y65 K38

米灰色带有暖色的特征，能为卧室增添柔和感和轻松感。

灰色的明度介于黑色与白色之间，在卧室空间中可以强化时尚感，丰富空间层次。

↑时尚卧室案例及配色：舒适感是卧室配色的首要条件。无彩色系的主色，充满时尚感和现代感，但是也会过于刻板、冰冷，加入具备温柔感的米灰色，既能够与整体进行协调，又能够增强舒适感。

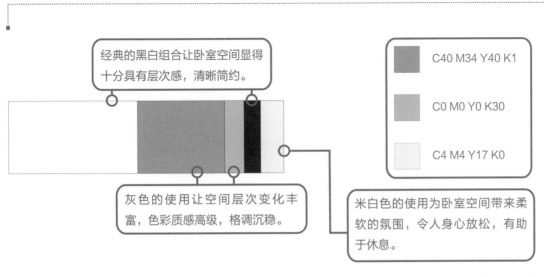

经典的黑白组合让卧室空间显得十分具有层次感，清晰简约。

C40 M34 Y40 K1

C0 M0 Y0 K30

C4 M4 Y17 K0

灰色的使用让空间层次变化丰富，色彩质感高级，格调沉稳。

米白色的使用为卧室空间带来柔软的氛围，令人身心放松，有助于休息。

↑时尚卧室案例及配色：时尚现代的空间氛围通常用无彩色系来营造。白色作为副色提升了整个卧室的亮度，避免暗色过多造成压抑的感觉，白色与灰色的组合具有低调的动感，既不会过于活跃，又能够使人愉快。灰色作为主色，搭配黑色或者其他深色，再配以低调的暖色，就能将时尚、现代，又具有人情味的卧室空间表现得淋漓尽致。

C67 M37 Y63 K2

C67 M37 Y63 K2

C5 M5 Y22 K0　　C66 M84 Y56 K11　　C65 M77 Y89 K25

C30 M18 Y9 K0　　C20 M22 Y28 K0

C5 M9 Y15 K0　　C0 M0 Y0 K90　　C64 M53 Y79 K9

↑时尚卧室配色参考

图解小贴士

　　黑、白、灰的组合不易过时，充满现代感。选择其中一种作为主色，其他两种就要作为副色。需要注意的是，以黑色为主色时，尽量不要大面积的使用，会让人感到沉重。

第1章 色彩基础

第2章 空间色彩的调整与运用

第3章 色彩印象

第4章 色彩搭配与使用人群

第5章 不同风格的色彩搭配

第6章 住宅空间配色案例

第7章 公共空间配色案例

第8章 成功空间配色方式

6.4 书房

书房需要营造的是一种肃雅、宁静的空间氛围，让人能静下心来学习、阅读。

白色与暖灰色的搭配让空间沉稳且具有格调，白色的书架能更加凸显整洁、干净。

C11 M13 Y18 K0

C62 M53 Y57 K7

C21 M30 Y45 K0

木色在书房中的运用，能够让人感到亲切、放松，学习工作时不会感到拘谨和紧张。

黑色的使用，增加了书房中的稳重感，让书房的层次更加丰富。

↑书房案例及配色：明度较低的色彩在书房中能营造出宁静感，书房中不宜使用色彩过于鲜艳的配色。

第1章 色彩基础

第2章 空间色彩的调整与运用

第3章 色彩印象

第4章 色彩搭配与使用人群

第5章 不同风格的色彩搭配

第6章 住宅空间配色案例

第7章 公共空间配色案例

第8章 成功空间配色方式

棕色与深红色是中式风格室内空间最常使用的两种颜色，沉稳大气、古朴雅致。

米白色的墙面能够将中式家居的边缘衬托清晰，并且具有历史感。

红色的点缀为室内空间带来一丝活力，并且红色也经常出现在中式风格空间中。

C49 M98 Y89 K8

C11 M41 Y80 K0

C78 M81 Y80 K65

C35 M97 Y93 K2

↑书房案例及配色：书房的配色一般来说没有特殊的色彩要求，可以根据喜好和风格去进行搭配，不过有一点要注意的是，尽量不要大面积地使用黄色，黄色会让人产生放松懒散的感觉，用在书房不利于学习与思考。

6.5 卫浴间

卫浴间是一个非常能够凸显个人品位的空间。不论面积或大或小，只要进行合适的色彩搭配，就能够营造出独具个性的卫浴间。

偏暖的蓝色与原木色的搭配组合，让空间氛围自然亲切，也能够为空间狭长的卫浴间带来独特的时尚感受。

黑色与黄色的点缀让空间层次更加丰富，也让空间的时尚感更强烈。

卫浴间的空间比较狭小，白色能够很好地提升空间的开阔感，使人感觉通透。暖灰色的石砖地板简约大方，能为空间带来沉稳感。

C54 M17 Y24 K0

C20 M16 Y20 K0

C9 M17 Y32 K0

C2 M22 Y85 K0

↑卫浴间案例及配色：白色具有干净、整洁的色彩印象，特别适合用在空间比例存在缺陷的卫浴间内，例如，开间或进深狭小、空间低矮等，白色能够弱化这些缺陷。

第1章 色彩基础

第2章 空间色彩的调整与运用

第3章 色彩印象

第4章 色彩搭配与使用人群

第5章 不同风格的色彩搭配

第6章 住宅空间配色案例

第7章 公共空间配色案例

第8章 成功空间配色方式

黄色与木色为卫浴间带来温暖感，黄色与黑色或是白色的搭配都时尚个性且具有活力，为狭小的空间带来丰富的视觉感受。

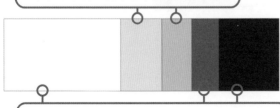

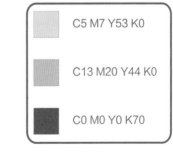

C5 M7 Y53 K0

C13 M20 Y44 K0

C0 M0 Y0 K70

黑白灰的组合时尚经典，白色能够让卫浴间显得宽敞、明亮，在视觉上更为舒适。黑色的地面增加了空间的重量感，用来平衡大面积白造成的轻飘感。

↑卫浴间案例及配色：在小空间的卫浴间中，白色可大面积应用在顶面和墙面，地面则可以选择其他的颜色，避免产生过于空旷的感觉，墙面和顶面也不要搭配过多的色彩，以免破坏整洁的氛围。

住宅空间色彩设计宜忌对比

空间	宜	忌
客厅	开敞明亮，善用自然采光来凸显色彩的清晰度，以高纯度的浅色为主，搭配丰富高纯度深色配件	避免纯粹用灯光来表现色彩，以免显得很沉闷单调，不宜大面积使用纯度较高的红色与黄色
餐厅	暖黄色、橙色等都是良好的点缀，善用不同明度的木纹来搭配深色，形成对比	单一色彩的装饰墙面需要丰富的软装陈设来呼应，不宜以墙面色彩为主
卧室	稳重典雅是卧室色调的基本要求，可以选用带有一定色相的浅灰色与木纹形成对比	不宜大面积使用米色、中性木纹来覆盖各界面，以免出现沉闷不透气的感觉
书房	采用比较精致的家具来丰富色彩，适当运用金属质地来表现色彩的反光，家具与界面的色彩应当有所区分	条纹壁纸虽然能表现出沉稳感，但不宜大面积使用
卫浴间	以浅色或白色为主，地面可以是深色或深灰色，搭配少许木纹	不应采用大面积深色或中灰色，洁具的颜色不宜与墙面完全相同

第7章
公共空间配色案例

识读难度：★ ★ ★ ★ ★

核心概念：办公、餐饮、酒店、商店、展示、
医疗

章节导读：

　　城市公共空间是现代艺术设计的重要组
成部分之一，公共空间的设计强调功能性、
实用性与审美性的三者兼具。公共空间中的
色彩表现必不可少，色彩是公共空间设计中
的重要组成元素。在公共空间中，空间的不
同方位在自然光的作用下会产生冷暖差别，
这时就需要通过色彩进行调整。不同场所的
色彩各有其特殊的要求，根据使用功能的不
同，色彩的选择与搭配也会存在差异。

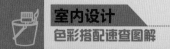
7.1 办公空间

色彩除了能够影响人的视觉，还会影响人的心理与精神状况，在室内空间设计中具有举足轻重的地位。

1.办公空间的色彩作用

（1）色彩的空间感调节

色彩感觉有前进与后退之分，高明度、高纯度的暖色具有前进感，低明度、低纯度的冷色则具有后退感；空间中同样面积的色彩，高明度、高纯度的暖色可以让面积看起来更加膨胀，低明度、低纯度的冷色则会让面积看起来收缩。高明度、高彩度的颜色有轻快之感；低明度、低彩度的颜色有沉重之感。这些色彩的特性对于调整室内空间感具有非常大的作用。

高明度的浅绿色淡雅、明亮，让整个空间氛围自然亲切，令人身心愉悦。

灰色调的浅棕色地毯与原木色的桌面，能让人产生舒适放松的感觉。

C15 M1 Y19 K0

C27 M32 Y47 K0

C31 M42 Y59 K0

白色的明度最高，运用在顶面让小面积的办公空间看起来更加开阔，白色的办公家具穿插在空间中，不仅显得更加轻盈，也丰富了空间的层次。

↑办公空间色彩空间感应用：办公空间使用了浅色的办公家具，墙面也采用了明度较高的色彩，办公空间虽然小但是环境舒适，也能令人感觉轻松愉快。

（2）色彩的光线调节

色彩的反射率主要取决于明度的高低，相对来说，色相与纯度对于调节室内空间的光线作用非常小，在运用色彩进行室内光线调节时应该首先注意色彩的明度。例如，当室内的光线过强时，可以采用反射率低的灰色、暗色等颜色；当室内的光线不足时，则可以采用反射率高的白色或浅色等颜色。

> 深灰色的地面对光线的反射率小，很适合用于光线非常充足的地方。

> 木质顶棚、楼梯与办公家具中和了混凝土与钢筋的冷硬感，让人觉得更加自然。

C0 M0 Y0 K70

C27 M22 Y29 K0

C36 M58 Y85 K1

> 暖灰色的墙面与深灰色的地面拉开了层次，水泥的材质也降低了光线的反射。

> 黑色与白色的使用丰富了办公空间的层次感。

↑办公空间色彩光线调节应用：这组办公空间是由大型厂房改造而成，由于四面都有窗户，所以采光非常好，为了避免光线的反射过多对眼睛产生刺激，所以办公空间的颜色大多选用深色与暗色。

（3）色彩的室内性格

通常情况下，办公空间的主色调一般选用较为淡雅的颜色，满足办公室平静稳定的需求。办公空间的色彩搭配既不是简单抽象的色彩关系，也不是生搬硬套色彩心理的实验结果，要综合考虑各方面的因素，包括建筑本身、气候环境、企业精神、朝向等。办公空间的色彩设计与搭配的自由发挥度相对较小，我们不仅要遵循一般的色彩原则，还要综合考虑具体位置、环境气候、民族传统、服务对象、功能目的等因素，使色彩能够更好地为传达精神、发挥作用所服务。还要根据办公环境具体的用途，进行具体问题具体分析，例如，儿童玩具公司通常会将多种鲜艳的色彩用于产品研发部的办公空间，以此来激发研究人员的灵感。

第1章 色彩基础

第2章 空间色彩的调整与运用

第3章 色彩印象

第4章 色彩搭配与使用人群

第5章 不同风格的色彩搭配

第6章 住宅空间配色案例

第7章 公共空间配色案例

第8章 成功空间配色方式

灰色与白色的搭配能够让空间显得干净整洁，符合游泳池干净的特点。

深棕色的木质装饰为清凉氛围的办公空间带来自然的气息。

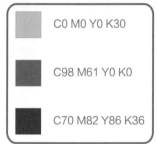

C0 M0 Y0 K30

C98 M61 Y0 K0

C70 M82 Y86 K36

蓝色常被认为是水的代表，办公空间将蓝色作为主色，代表了公司的形象与行业特点。

↑办公空间色彩的性格应用：游泳池供应公司的办公室，其白色与灰色的搭配将办公室营造得干净整洁，蓝色代表着水的颜色，这也表明了这个办公空间内公司的服务行业。

2.办公空间的色彩运用

色彩搭配是在色彩属性的基础上，综合调节明度、纯度、色相等因素做出综合运用。所以在进行办公空间的色彩选择时，要根据办公空间的家具设备的明度、办公空间的面积大小和照明环境等做出整体的考虑。办公空间要选择宁静沉稳的颜色，可以让员工集中精神工作。

↑办公空间色彩运用：这是一间金融服务公司的办公室，整体上采用了无彩色系，符合金融行业高效快速的特点，顶面为白色，地面为深灰色，上浅下深的色彩布局让空间充满稳重感。

在办公空间色彩设计的运用过程中，必须要时刻注重色彩的协调性。例如，在办公空间宽敞、采光较好的前提下，色彩设计搭配的变化余地较大；在办公空间较狭窄的情况下，就要从色彩本身的方面着手，通过色相、明度与纯度三者间的调节来营造空间扩展的效果。在对色彩风格进行整体营造时，综合考虑色彩基调及主色配色的关系，色彩冷暖关系及空间氛围等因素，利用色彩营造出安静、奢华、简朴、严肃等不同的空间氛围，使不同的办公空间有不同的办公体验。

第1章 色彩基础

第2章 空间色彩的调整与运用

第3章 色彩印象

第4章 色彩搭配与使用人群

第5章 不同风格的色彩搭配

第6章 住宅空间配色案例

第7章 公共空间配色案例

第8章 成功空间配色方式

全色相的点缀让办公空间活力十足，能激发设计师们的创意灵感，也能体现公司行业与内涵。

黑白搭配经典时尚，黑色墙面与框架式围合让层次感更加丰富，并且能够将点缀色显得更鲜亮。

木质地板与会议桌能带给人们亲近自然的感觉，让人感到放松，有助于思维的发散。

↑ 服装公司会议室配色：这是一个儿童服装设计公司的会议室，跳动的色彩能为办公空间带来活力与灵感。

灰色与白色的搭配能够让空间显得干净整洁，节奏明快。

绿色与木色的搭配能够让人放松身心，缓解工作中的压力。

C0 M0 Y0 K20

C71 M35 Y58 K2

C9 M13 Y38 K0

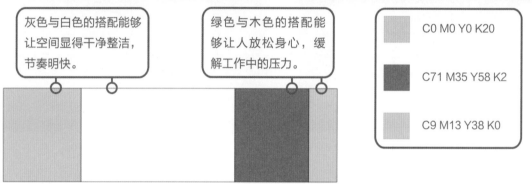

↑房产公司办公空间配色：这是某一房地产公司人力资源部门的办公室。整个办公空间干净、明亮，偏冷的绿色给办公空间带来清爽感，木色的办公家具中和空间中的冷感，平衡了视觉的温感。

3.办公空间的色彩设计方法

（1）基本原则

1）**满足功能性**。色彩能够对人产生心理影响和生理影响，要首先考虑功能上的要求，让色彩能够体现与功能相适应的特点与性格。办公空间的功能要求色彩要能够给人带来一种明快感，能够让工作人员产生愉悦平和的心情。同时，还要根据企业的风格与行业特征考虑整体的形象表达，从而设计出高效、实用的办公环境。

2）**遵循形式美法则**。色彩的搭配只有遵循形式美的法则，处理好协调与对比、统一与变化等各种关系，才能充分发挥色彩的美化作用。

3）**色彩与材料的配合**。色彩与材料的配合要关注两点：一是不同质感的材料所具有的效果；二是通过运用材料的本色，让空间的色彩更加自然和富有变化。不同质感颜色相同的材料所展现出来的效果相差很大，能够在统一中产生变化，进而使层次更加丰富。

办公
色彩

↑科技公司办公空间配色：这是一家科技与安全的网络公司，橙色作为主色随着地板与顶棚活跃在办公空间的各个角落，不仅让不同的空间产生了关联，表现了韵律与节奏，避免乏味与单调，还活跃了工作人员的积极性和创造力，营造了独特的个性办公空间。

（2）常见的办公空间色彩搭配

1）**黑、白、灰作为主色调搭配一种或两种鲜亮的色彩。**这是一种比较常见的配色方案，既醒目又不会过于花哨。鲜亮的色彩最好选择环境或者公司、企业的代表色，能够让色彩具备一定的象征含义。

2）**以石材或者木材的自然色作为办公空间的配色。**自然材质的色调柔和雅致，如枫木、橡木等，适合在新式高雅的办公空间中使用。

↑黑、白、灰搭配鲜亮色彩的办公空间：这是恒美广告在卡萨布兰卡地区的办公室，黄色是恒美广告的代表颜色，在无彩色的衬托下，非常的醒目和具有辨识度，不同纯度的灰色也让空间层次感更加丰富。

第1章　色彩基础

第2章　空间色彩的调整与运用

第3章　色彩印象

第4章　色彩搭配与使用人群

第5章　不同风格的色彩搭配

第6章　住宅空间配色案例

第7章　公共空间配色案例

第8章　成功空间配色方式

↑自然色为主色调的办公空间：这是一间房地产公司的会议室，石材与木材的花纹变化丰富，会议空间放松自然又不失稳重大气，白色的使用又能够提高空间的明度和通透性。

3）**黑白灰的配色**。这是一种经典的搭配方式。黑白灰三者间的比例，会影响整个办公环境的空间氛围。

↑黑、白、灰为主色调的办公空间：黑色为主衬以少量的白色与灰色的配色方案，办公空间具有朴实安定的空间氛围。白色为主衬以黑色与灰色，办公空间具有清雅纯净的空间氛围。

4）**主色调使用中性色构成整个环境氛围**。如黑白色或者类似的深浅色等，色彩优雅大气，再通过添加适量色彩鲜亮的装饰物或植物，来活跃环境氛围。

↑中性色搭配鲜亮装饰物的办公空间：在黑白灰构成的空间中，通过添加色彩鲜亮的座椅以及绿植，让整个空间环境不会过于沉闷。

　　上述四种配色是目前比较普遍的办公空间配色，除此之外，随着广告、娱乐、信息产业的蓬勃发展，现代派及后现代派的配色也开始在办公空间流行起来，普遍采用大量鲜亮的对比色，或者使用金色、银色和金属色，营造时尚前卫的个性办公空间。这种办公空间配色设计的核心是要处理如何避免在其中工作的员工由于刺激强烈的色彩对比而产生的精神疲劳。另外，需要注意的是，我们在进行室内色彩装饰材料的选择时，要对这种材料的色彩特性进行充分的了解，综合时间、日照与潮湿等多种因素的考虑，及时应对材料所产生的褪色或者变色等情况。

4.办公空间的配色原则

　　色彩是表达空间氛围必不可少的重要因素。办公空间的色彩设计中，要在满足功能实用的基础上，遵照构图法则，以及结合材料的特性来营造不同行业和需求的办公空间。

　　办公空间之中的色彩变化要具备节奏与韵律。在同一办公环境的不同办公空间可以采用完全不同的主色调，但是每一个办公空间内的门窗、地板以及桌椅等办公家具要保持其在这个办公空间的整体和谐。这样才能在有限的活动范围内，产生不同的变化与新鲜的体验，并且可以根据色彩独特的语言传达办公空间的使用信息。

↑办公空间配色原则应用：这是一家广告策划公司，需要工作人员的创意构想，在讨论区选择了鲜亮色彩的点缀以及古朴的砖墙、藤椅与皮制沙发等让人感到放松的家具，能够缓解紧绷精神，活跃灵感。

第1章　色彩基础
第2章　空间色彩的调整与运用
第3章　色彩印象
第4章　色彩搭配与使用人群
第5章　不同风格的色彩搭配
第6章　住宅空间配色案例
第7章　公共空间配色案例
第8章　成功空间配色方式

7.2　餐饮空间

　　在餐饮空间的色彩设计过程中，要准确地把握色彩性质，了解并展现色彩的市场特征，提高色彩创新力，还可以与文化背景相结合，给消费者带来归属感与认同感，打造良好的就餐环境和餐厅品位。

1.餐饮空间的色彩设计原则

　　在餐饮空间的色彩设计中，遵循色彩的基本原则能够更快更好地达到想要表现的空间效果。

餐饮
色彩

（1）满足餐饮空间的功能需求

　　一般来说，餐饮空间中存在着不同的功能分区，色彩设计要考虑这些不同功能分区的使用。色彩有冷暖、明暗之分，餐饮空间可以通过这些色彩属性来营造和表现空间氛围。例如，咖啡厅中可以使用纯度较低的灰色系，能够营造出一种柔和平静的空间氛围。同时要注意结合不同功能区的光线，除满足照明需求外，也要注意色彩与光线配合在一起所营造的空间效果。

深灰色的地面给人一种温暖沉静的感觉，加上地毯材质的柔软，突出咖啡厅静谧、安逸的空间氛围。

由于室内的层高较高以及落地窗的比例较大，所以大面积的黑色不仅没有造成压抑感，反而让空间的进深感增强，神秘且具有安全感。白色在空间中的穿插，增强了空间的通透感。

紫色给人高贵神秘的感觉，常被用在高档的咖啡厅中。暖光灯的使用为空间带来暖意，并且营造了独特的氛围。

↑ 餐饮空间配色案例

（2）遵循整体统一的原则

　　餐饮空间的色彩设计在符合构图原则的基础上，要注意对整个餐饮空间中的色彩把握，让色彩的美化作用发挥到最大。在餐饮空间的色彩设计过程中，要先对整个空间的主色调有一个明确的定位，主色调对于把握空间的氛围有着主导性的地位。在色彩搭配中，色彩的色相、明度、纯度以及对比度对于空间的营造有很大影响，注意把握好主色、配色与点缀色之间的关系。处理好统一与变化的关系，在统一的基础上追求变化，能够取得良好的空间效果。整体统一的原则就是在空间大面积色调统一的基础上，如顶棚、地板、墙面等，与空间中其他色彩相互呼应。

> 黑色顶棚与黑色的窗框、椅子之间相互呼应，增强了空间中的交流。

> 砖墙与餐桌的颜色属于同类色，作为空间的主色调，营造了整个餐饮空间的氛围。

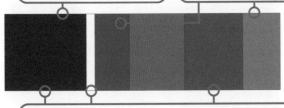

C21 M99 Y96 K0

C27 M71 Y92 K0

C0 M0 Y0 K80

C29 M57 Y80 K0

> 白色与红色点缀在空间中，提升了空间的通透感和时尚感。灰色的地面则让空间的层次更加丰富。

↑餐饮空间配色统一原则案例

（3）掌握色彩的情感作用

　　色彩能够影响人们的情绪，不同的色彩搭配能给人带来不同的心理感受。同一空间中不同色调和冷暖的搭配能够营造出完全不同的空间效果。在餐饮空间的色彩设计中，要掌握色彩的情感作用，合理地搭配不同的色彩，多角度全方位地考虑消费者对色彩做出的情感反应，才能让餐饮空间的色彩搭配达到更好的效果。

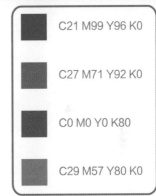

> 鲜亮的暖色热情、活力，让人愉悦、兴奋。

> 黄色桌布搭配暖光灯，可以让食物看起来更加诱人。

↑色彩的情感作用

第1章 色彩基础
第2章 空间色彩的调整与运用
第3章 色彩印象
第4章 色彩搭配与使用人群
第5章 不同风格的色彩搭配
第6章 住宅空间配色案例
第7章 公共空间配色案例
第8章 成功空间配色方式

2.餐饮空间的色彩设计方法

（1）基色调配色法

　　基色调配色法就是根据餐厅周围的环境或者餐厅主题，选取最具代表性的色彩作为整个餐饮空间的基色调，合理地调整餐饮空间中其他物体的色彩。这种方法常见于快餐厅，加深消费者对餐厅的印象，潜移默化地将代表色与餐厅挂钩，提高社会效益。在色彩的选择时，要选择高纯度的色彩作为强调，同时将该色彩点缀在空间中，增加空间中的联系与交流。控制好颜色的比例，既能够吸引消费者的眼球，又能够彰显餐厅的特色，营造良好的就餐环境。营销界中有一个很著名的"7s定律"，即消费者在看到商品的7s内，就可以确定是否有购买的欲望。所以在这7s内，色彩起到了决定性的作用。

↑基色调配色应用：肯德基快餐店是基色调配色法最具代表性的案例，肯德基的形象标志所选用的颜色是非常醒目的红色。红色象征着热情与速度，既刺激了食欲，又能够潜移默化地令人加快进餐的速度，增加客流量。目前一般快餐店也普遍选择红色作为代表色，而在情调优雅的西餐厅则很少使用高纯度的红色。

（2）风格配色法

风格配色法就是指设计者在空间设计的过程中，利用文化色彩或者普遍认可的色彩，对餐饮空间的色彩搭配进行有效的指导。这就要求设计者要有较为深厚的文化和设计底蕴，对色彩有全面深刻的了解，同时能够准确地把握餐饮空间想要表达的内涵，满足餐饮空间与消费者的需求。

↑风格配色法应用：这是一组新中式风格的餐厅，这个餐饮空间色彩风格的最大特点就是清朗，对于雕刻装饰运用得比较少，更多的是注重设计的品质。家具以自然的原木色为主，搭配白墙、青砖。在色彩上借鉴了苏州园林的色彩特点，并且结合了西方色调，通过以白色为主的墙面、家具与地面、顶棚相互呼应，形成了明度对比，侧面反映了中国书法中的白往黑来，让餐饮空间更加富有特色。

3.餐饮空间的色彩氛围营造

根据心理学对于色彩的研究，把握消费者对色彩的心理感受，运用色彩的联想作用，引起共鸣，从而加深对于餐饮空间氛围的渲染。例如，可以通过红色、橙色、黄色等暖色系来渲染欢乐、热闹、温暖的氛围，或者通过蓝色、绿色、紫色等冷色系来渲染出冷静、清爽的氛围。色彩能够带给人们不同的视觉感受与心理感受，进而影响到生理与心理，可以通过色彩的变化，营造不同的空间气氛，表达不同的餐饮主题。通过特定的文化渲染，让文化主题成为消费者的辨识标志，这是现代餐饮空间的一个新的趋势，也是对餐饮文化传播的一个最终目的。

第1章 色彩基础
第2章 空间色彩的调整与运用
第3章 色彩印象
第4章 色彩搭配与使用人群
第5章 不同风格的色彩搭配
第6章 住宅空间配色案例
第7章 公共空间配色案例
第8章 成功空间配色方式

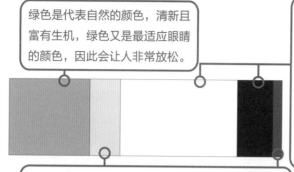

绿色是代表自然的颜色，清新且富有生机，绿色又是最适应眼睛的颜色，因此会让人非常放松。

白色调让空间氛围干净、明亮，再加上玻璃墙面，让整个空间更加通透。黑色的家具与窗框让空间更加稳重，空间层次也更加丰富。

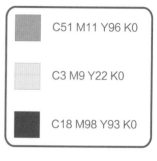

C51 M11 Y96 K0

C3 M9 Y22 K0

C18 M98 Y93 K0

原木色也能让人感到非常亲切，与绿色搭配在一起将清新气息的氛围烘托得更加自然。红色的点缀让空间的氛围生动多样。

↑咖啡店色彩营造及配色：这是一间极富自然气息的咖啡店，绿色给人的联想往往是森林、草地，给人亲切、安稳的心理感受，浅色调让整个餐饮空间干净、明亮，玻璃墙面的设计极大地增强了与窗外景色的联系，与室内的绿色相互呼应。

色彩的设计搭配在餐饮空间中有着重要的作用，能够更有效地发挥空间的使用功能，改善并优化餐饮空间的室内环境。

（1）调节空间

适当合理的色彩搭配能够调节空间。通过对色彩属性的调节能够改变空间在视觉效果上的面积感或体积感。高明度、高纯度的暖色会让空间有前进感，低明度、低纯度的冷色则会让空间有后退感。在小面积的餐饮空间中，用低明度的冷色作为空间主色调，搭配鲜亮的颜色进行色彩平衡，就会让空间从视觉上产生扩张的感觉。

色彩是塑造餐饮空间氛围的关键所在，能够让餐饮空间有更加丰富的层次感，餐饮空间的色彩设计要根据消费者的受众群体进行合理创意的色彩搭配，营造具有独特魅力的餐饮氛围。

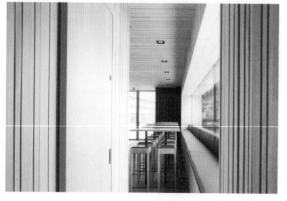

↑通过色彩搭配调节空间的应用：这是一个空间很小的咖啡馆，整个建筑都是由木板构建而成，粗细不同的木板与常规的木质建筑有很大的不同。长型窗户的设计不仅能够让人欣赏到窗外的美景，还能够让入口看起来更加宽敞。通过简单的陈设与照明，最大限度地发挥木色与自然光的优势，让整个空间敞亮，让人感到十分舒适。

（2）渲染氛围

　　餐饮空间的渲染主要是通过人对空间内色彩的情感表达。色彩对于空间与光线都有一定的调节作用，再细小的变化也能让人对空间产生不同的心理感觉。暖色产生温暖的感觉，能营造活泼、热情的氛围。例如，空间中大面积都属于无彩色，一点红色的陈设就能够让这个空间瞬间变得温暖热情。

→↓通过色彩渲染空间氛围：这是一间具有复古情怀的水吧，整个空间的墙壁、顶棚以及地板都使用灰色，加上水泥特有的质感，营造出一种质朴的空间氛围。浓郁的美式复古家具色彩让整个空间的气氛沉稳又不失热烈，搭配上绿植的点缀，为空间带来生机，由于室内的层高比较高，所以大面积的灰色并不会让空间压抑，反而凸显得更加干净，有格调。

第1章　色彩基础

第2章　空间色彩的调整与运用

第3章　色彩印象

第4章　色彩搭配与使用人群

第5章　不同风格的色彩搭配

第6章　住宅空间配色案例

第7章　公共空间配色案例

第8章　成功空间配色方式

7.3 酒店空间

1.酒店空间的色彩应用

（1）色彩情感

人们长期处于彩色的世界中，由视觉而产生的色彩经验产生的心理上的刺激，会引发某种情绪，这就是色彩情感。色彩本身是不带有任何情感的，它是由人们对色彩产生的心理反应与大脑的联想能力，加上国家、民族、宗教等因素的影响，对色彩产生的某种惯性的认知，这种认知对人们的审美观念起到了关键性的作用。

↑色彩情感的应用：这是位于新加坡圣淘沙的香格里拉度假酒店，这个酒店最大的特点就是能够在这里感受到截然不同的氛围，在大堂、休闲区等采用纯白色配蓝色灯光以及大量的玻璃制品，能让人们在进入酒店的第一时间就感受到来自海岛的清凉气息。

（2）色彩象征

色彩有时候能够深刻强烈地表达人的观点信念，这种时候色彩就有了象征作用。例如，我们在看到红色与黄色的搭配时往往会联想到中国；黑白搭配时我们又会联想到太极。所以，酒店空间在色彩选择上要尽量贴近酒店的主题与风格，还可以根据酒店所在地区的风土人情，进行极具代表性的色彩搭配。

↑色彩象征的应用：这是位于长白山的一家民宿酒店，酒店客房整体采用暖色调的配色，家具都为木质，让人感到亲切、自然，又将长白山地区的特色表达出来，简洁大方的造型，富有特色的摆件与挂画，让人一进入房间就感受到与众不同的生活体验。

第1章 色彩基础

第2章 空间色彩的调整与运用

第3章 色彩印象

第4章 色彩搭配与使用人群

第5章 不同风格的色彩搭配

第6章 住宅空间配色案例

第7章 公共空间配色案例

第8章 成功空间配色方式

图解小贴士

客房的面积与色彩

　　酒店空间的色彩设计中，客房设计是非常重要的一个环节。客房空间的面积较小时，顶棚、墙面的色彩可以采用浅淡的暖色，并通过适当的冷色加以点缀，可以让客房的空间显得更加温馨舒适；而客房空间的面积较大时，可以考虑以浅淡的冷色作为背景色，然后适当运用比较鲜亮的暖色点缀，会让整个客房空间显得清新淡雅，层次丰富。

2.酒店空间的色彩设计方法

　　酒店空间在进行整体色彩搭配时，要注意"上浅下深"的搭配原则，以增加空间中的稳定感。人们对于色彩的心理感受会随着时间、季节以及情绪等发生变化，所以在酒店空间的装修中，可以利用灯光以及摆设等调节空间的氛围。例如，酒店空间中的客房往往通过不同的灯光设置满足住客对不同氛围的需求；在冬季，有些酒店客房都会采用橙色的射灯，以增加室内的温暖感。

　　酒店空间都是由多个小空间构成的，除了客房之外，更多的是由流动空间组成的。对于这种不封闭的空间来说，色彩的搭配要一致，在没有特殊要求的情况下，尽量不要中途变换，尤其是在相连的两个空间中，色彩过渡的差异不能过大，要保证整体的色调一致。金、银两色属于无彩色，在高档酒店中运用得比较多，不过需要注意的是，金色要避开黄色，银色要避开灰白色，这两种组合是非常不协调的，不建议使用。同样的，材质不同但是色系相同也不要搭配在一起。

酒店色彩

↑整个客房采用接近于白色的浅色调，让人感觉非常明亮，再加上温暖柔软的材质，整个空间充满温馨淡雅的氛围。

↑这个客房采用了传统的上浅下深的配色方式，暖色调的配色以及暖光灯的渲染，让整个空间充满了温暖。

↑ 酒店空间的色彩搭配：这是一家位于上海佘山的酒店大堂，整体采用了大理石与金属的搭配，原本的空间高度加上材质的反射，让酒店大堂更加宽阔，极具档次。

3.酒店空间的色彩设计要点

（1）满足功能性

　　酒店空间的色彩要考虑功能性和艺术性，酒店空间的根本目的就是能给住客带来舒适感与方便性。色彩能够对人的心理和生理产生一定的影响，所以酒店空间的色彩要能够与其功能相协调。分析了解每一个使用空间的使用性能，保证功能性的满足，还要能够满足生产生活的需要，让色彩在酒店空间中更加科学、更加艺术。

↑ 暖色调的客房与良好的采光，让整个空间显得温馨舒适，白色的顶棚与墙面让空间更加通透和宽阔，红色的软装让空间层次更加丰富且充满活力。

↑ 利用海景客房的优势，将浴室安排在窗前，能让住客享受到美好夜景的同时还能放松身心、舒缓精神，提高住宿好感。

（2）遵循构图原则

　　酒店空间的色彩搭配设计要遵循构图原则，充分发挥色彩对空间的美化作用，处理好四角色的关系。在酒店空间的色彩设计时，首先要根据酒店的定位确定好空间的主色调，用来烘托以及渲染空间。大面积的色块尽量采用比较淡雅的颜色，鲜亮的色彩可以用于小面积的色块，把握好节奏感与韵律感。

（3）改善空间视觉效果

充分利用色彩的属性，对酒店空间从视觉效果上进行有效的改善。例如，酒店空间过于空旷时，可利用暖色来拉近视觉，降低空旷感；墙体过于宽大时，则可以通过利用深色进行收缩调节。

4.酒店空间的色彩重要性

色彩在任何一个空间设计中都有着非常重要的作用。视觉是人体的主要知觉，色彩对人们的情绪感知有着直接的影响，能够引起人们的重视。学习和把握好色彩的基本运用规律，对于构建良好空间是非常重要的。空间的色彩设计是一个关于多种要素的综合，除了色彩本身的属性特征与形式法则之外，还受空间结构、光线、材质等多重因素的影响。

↑→纯中式酒店会客区及酒店西餐区

第1章 色彩基础

第2章 空间色彩的调整与运用

第3章 色彩印象

第4章 色彩搭配与使用人群

第5章 不同风格的色彩搭配

第6章 住宅空间配色案例

第7章 公共空间配色案例

第8章 成功空间配色方式

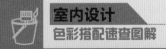
7.4 商店空间

色彩的合理搭配不仅能够让商店空间更加美观，还能刺激人们的消费心理，达到盈利的目的。

1.商店空间的色彩应用

人们对于色彩的视觉感知往往会形成独特的画面，不同的色彩设计能让商店空间产生不同的视觉效果和空间氛围，能给消费者带来不同的视觉体验和情绪感受。这种由视觉画面产生的效应能够为空间带来灵动感和意境感，深深地吸引消费者。

↑商店空间的色彩应用：这是位于立陶宛的一个大型多品牌的鞋类零售店，通过混凝土、金属和木质柜架的低纯度的原色，将各式各样的鞋子进行突出，弱化空间对消费者的吸引力，将注意力集中在商品上面。

2.商店空间的色彩设计原则

（1）"上浅下深"原则

就整体的空间颜色而言，主要由浅色和深色两种颜色构成。商店空间属于大众消费的场所，要适应不同阶层和年龄的消费群体，要按照"上浅下深"的原则进行，让空间产生稳定、平衡的感觉。不过要具体情况具体分析，对于针对特定人群的商店，就要根据自己的独特个性进行选择。

原木色小块拼接的木地板让空间
自然清新，充满柔和感，适用于
各种消费群体。

三原色的家具，打破了原本空
间中的单调乏味，丰富了空间
的层次，给商店带来动感。

 C16 M26 Y56 K0

 C39 M48 Y79 K1

 C0 M100 Y100 K0

 C0 M0 Y100 K0

 C100 M0 Y0 K0

白色的墙面与顶棚让空间
显得干净通透，能够更好
地衬托商品的特点。

黑色与深木色的商品展
架让空间的层次结构更
加清晰丰富。

↑ "上浅下深"的色彩应用：这是一家消费群体很广的时尚品牌消费商店，由于每个消费者的个性差异，因此
商店采用了"上浅下深"这种基本配色原则，同时还通过添加三原色的家具让整个商店空间层次丰富，活跃了
空间氛围。

（2）色彩的功能性原则

商店空间是一个
充斥着各种功能的空
间，所以在进行色彩
搭配时，要从商店空
间的功能性着手，根
据功能来配置色彩。

第1章 色彩基础
第2章 空间色彩的调整与运用
第3章 色彩印象
第4章 色彩搭配与使用人群
第5章 不同风格的色彩搭配
第6章 住宅空间配色案例
第7章 公共空间配色案例
第8章 成功空间配色方式

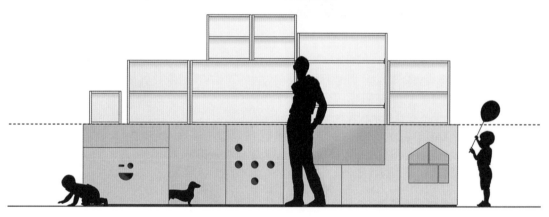

↑色彩功能性原则的应用：这是一家专卖儿童用品的商店，除了在色彩上的简单大方之外，其精彩之处就是将整个商店空间划分为上下两个空间：购物区和儿童娱乐区。这种形式的空间分割，极大程度地缓解了家长带儿童购物时的不便。黄色作为鲜亮高纯度的色彩，非常受儿童的欢迎，能够很好地引导孩子将注意力转移到下面空间。

（3）空间面积原则

开阔的商店空间能够获得良好的消费体验，在进行色彩选择的时候尤为重要，商店空间中除了流通大厅之外，还包括很多比较狭窄或者比较低矮的室内场所，可以使用冷色进行搭配，收缩墙体、扩大空间感。

空间色彩

←空间面积原则的应用：这是一家专卖店的二层，大面积的深色与米白色的穿插让低矮空间看起来层次更丰富，空间感增强。

（4）第一印象原则

良好的色彩设计能够带给消费者视觉上的舒适和精神上的享受。研究表明，人们对于一个空间几秒之内产生的第一印象，80%是对于色彩的感觉。

↑第一印象原则的应用：这是日本MiuMiu青山店巴西圣保罗的一家女鞋店，对比强烈的色彩穿插，让空间层次丰富明朗，给人第一印象深刻。

（5）整体统一原则

通过调节色彩属性，在对比中和谐、在整体中对比，既能达到整体统一的效果，又避免了单调与乏味。商店空间的色彩对比不宜过多，过多会过分刺激，产生混乱感。遵循和掌握整体统一的原则才能设计出良好和谐的商店空间。

→整体统一原则的应用：这是一家男士鞋服专卖店，整体采用了黑白灰色调，木条制的背景墙与商店外的及室内盆栽景色呼应。

第1章 色彩基础
第2章 空间色彩的调整与运用
第3章 色彩印象
第4章 色彩搭配与使用人群
第5章 不同风格的色彩搭配
第6章 住宅空间配色案例
第7章 公共空间配色案例
第8章 成功空间配色方式

7.5 展示空间

　　展示空间是由不同要素构成的统一的整体。除了空间流动的要素之外，还要处理好色彩以及其他要素。展示空间就是通过一定的方法、形式和手段向观众传达主题内容的一种空间设计，对于人类的活动行为具有一定的引导作用，可划分为娱乐性、观赏性、宣传性、售卖性和学习性。色彩作为营造氛围和调节空间的重要因素，在展示空间中也有着极其重要的作用。

1.展示空间的色彩应用

　　展示空间的色彩设计，可以重点偏向于各区域的色彩基调设计。大型展示空间多是由几个独立展示区构成的，可以用不同的色调进行区分，也可以统一一色调来调和整个展示空间。展示活动往往具有时效性，因此展示空间的界面色彩不会轻易改变，一般通过布景道具、展板以及灯光进行基调的渲染和氛围的营造。商店性质的展示空间，多采用中性色调或者柔和的灰色调，用来衬托和突出展品，形成主次，满足空间和谐的要求。

↑展示空间色彩应用：这是一个关于工业与环境的工艺展馆，用黑色作为树的形象，将灯架作为枝干，而地板、凳子则采用木色和木桩的形式，给人一种交换的感觉，呼吁人们保护环境。

第1章 色彩基础

第2章 空间色彩的调整与运用

第3章 色彩印象

第4章 色彩搭配与使用人群

第5章 不同风格的色彩搭配

第6章 住宅空间配色案例

第7章 公共空间配色案例

第8章 成功空间配色方式

图解小贴士

　　展示活动中，彩色的照明效果也是塑造整个色彩体系的重要组成部分，对于营造展示氛围有着重要的作用。观众在展示空间中有80%以上的信息是由视觉获得的，而色彩则是首先引起注意的因素。色彩作为空间设计的组成部分，直接影响到人们的第一印象。

2.展示空间中的色彩规律

　　不同的色彩能让人产生不同的心理感受。在展示空间的色彩设计中，我们要根据色彩规律对色彩进行合理有效的配置。

　　展示空间的色彩可以按照不同的空间大小和形式进行进一步的调节，弱化不足与缺陷，让展示活动与人文、自然更加协调。要根据展示活动的主题确定空间的基本色调。例如，展示文物或是以历史事件为主题的展示活动，空间的色彩设计要以沉稳、厚重的色调为主，才能够表现历史的沉淀感。色彩除了渲染展示氛围之外，也具有划分区域和路线引导的作用。例如，用色彩划分展示区、休息区和洽谈区等。

→展示空间色彩规律的应用：这是一个图书展销会的会馆，合理的色彩设计不仅有助于观众进行参观，减轻疲劳，还能提高工作人员的效率，也便于管理和引导观众的消费心理。绿色是很清新自然的颜色，非常适合用于图书展销会，能够帮助观众在浏览过程中缓解眼部疲劳。

←木质地板与绿色搭配在一起能够营造自然舒适的环境氛围，有助于观众放松情绪。白色的穿插能够提高室内明度，适宜创造阅读环境，还能够重点突出图书。

7.6 医疗空间

1.医疗空间的色彩搭配要点

医疗空间的色彩设计要以三种人群的需求为基本：病患、陪护者以及医务人员。科学合理的色彩设计不仅能够对病情进行有效的辅助治疗，营造有利于康复的就医环境，还能为医务人员创造一个舒适的工作环境。

医疗空间的色彩设计，除了具备装饰和美化作用，还能让人产生联想，引起心理及情绪的变化。医疗空间的色彩设计就是要创造一个人性化的就医环境。

↑ 医疗空间色彩搭配的应用：这是一家医院的大厅，整个空间通透明亮，让人一进入到这个空间就会感觉心旷神怡，绿色的吊灯与室内绿植的点缀象征着生命力与希望，能够对就医的人起到舒缓身心的积极作用。

候诊室是一个人员比较集中的医疗空间，所以候诊室的色彩设计是整个医院色彩的重要组成部分。首先是分诊台、护士站等病人或家属停留较长时间的空间，这类节点空间可以采用较为活跃的色彩，让其在空间中凸显出来，如黄色、浅蓝色等，但是要注意不能使用红色、橘红色等过度刺激的色彩。候诊区的颜色要选择比较明亮的颜色，若室内颜色过重，光线反射会降低，空间会较昏暗。

↑ 候诊室配色案例：这是一家私人医院的候诊区，采用了低纯度的暖色调，搭配柔软的沙发和地毯，让整个候诊空间温馨舒适，能非常有效地缓解病人及病人家属的紧张情绪。

不同类型的医院由于受众群体的不同，其审美和心理需求也不同，因此，在色彩的使用上也会产生差异。例如，儿童医院的整体色彩会偏向活泼，色彩运用也会比较丰富；妇科医院一般使用浅粉色、淡紫色等充满女性色彩的颜色。

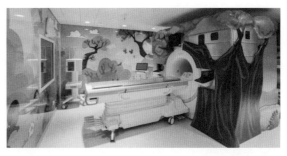

↑医院配色案例：这是一家儿童医院，整个医院建筑分为了六个部分。通过对空间的改变以及鲜亮色彩的多层次使用，让整个医院能够带给儿童安全感和熟悉感。为了改变以往对于医院的一般认知，每一部分都在共同设计的基础上进行了轻微的改动，让各部分都有自己独特的个性。这样的医疗空间的设计，为前来就医的儿童和家长营造了一个放松舒适的空间环境。

2.医疗空间的色彩功能

人们近年来越来越重视健康生活的理念，去医院体检等也变成常态，因此对医疗空间的环境要求也越来越高，色彩是营造医疗空间环境氛围的重要因素之一。随着人们对于空间设计以及心理学、色彩学等的深入研究，医疗空间中的色彩不再仅仅承担营造氛围的作用，还承担着调节心理和辅助治疗的作用。

↑医院色彩功能的应用：这是一家医疗中心，良好的配色在病人的就医过程中发挥了重要的作用。能够有效地分散病人的注意力，缓解紧绷的精神状态。多层宽敞大厅的公共建筑，半圆形的间隙和天窗都采用了木材，其明亮的色彩和周围良好的景色为病人创造了一个舒适愉快的就医空间。

色彩具有调节的作用。合理的色彩搭配能够有效缓解医务人员的视觉疲劳和精神紧张，从而提高工作的效率，避免失误。1925年，美国一家外科医院的医生们在手术过程中总会在白色的墙壁上看见血红色的残像，导致视觉非常疲劳。色彩研究专家建议他们将手术室的墙壁刷成浅绿灰色，非常有效地缓解了手术中的视觉疲劳。这就是关于色彩调节最早的案例。目前全世界的手术室一般都会采用淡绿色或者淡蓝色，调节人的视觉与心理疲劳。这是根据色彩的特性，解决这种视觉错觉的典型方法，在医疗空间中，要特别注意这一点。

第1章 色彩基础
第2章 空间色彩的调整与运用
第3章 色彩印象
第4章 色彩搭配与使用人群
第5章 不同风格的色彩搭配
第6章 住宅空间配色案例
第7章 公共空间配色案例
第8章 成功空间配色方式

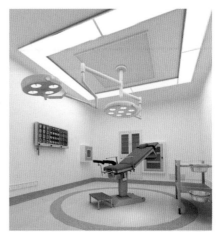

↑医院手术室色彩搭配案例：这两个手术室都采用了浅淡的蓝色和绿色的搭配，这种颜色能够对医生手术过程中长时间接触红色刺激造成视线疲劳，对精神紧张起到一定的缓冲作用。

　　色彩具有辅助治疗的作用。科学合理的色彩能够对人们的生理和心理产生积极、健康的影响。精神需求是人类需求中最高层次的需求。在现代医疗空间的色彩设计上，人们开始重视对于精神方面的需求，色彩所产生的积极的心理影响，对于辅助疾病的治疗有积极作用。

　　色彩联想与情绪变化也有关系。色彩通过影响人的心理和生理，能够直接影响人们的精神和身体状况。例如，紫色能让女性平静，绿色能够缓解疲劳等。色彩产生的色彩联想，引起人们的情绪变化。例如，绿色象征着森林，让人感到具有蓬勃的生机，传达出旺盛的生命力。在医疗空间的色彩设计中，要充分把握这些色彩规律，运用色彩激发联想，直接作用于病人的内心情感，通过对其情绪的积极调整，达到辅助治疗的作用。

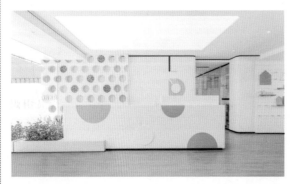
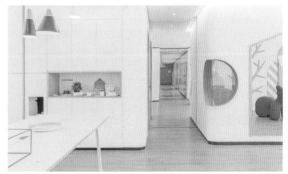

↑牙科诊所色彩搭配案例：这是一家牙科诊所，采用了医院的品牌形象——橙子。将圆形元素贯穿于整个设计中，搭配木质家具与轻盈温暖的色彩，让整个空间处处体现着一种人文关怀。良好的空间色彩环境，让医务人员与病人之间的距离感拉近，友好地融洽医患之间的关系，也能极有效地缓解病人受病痛折磨的疲惫心理，转移病人的注意力，有利于治疗。

　　在医疗空间的色彩设计中，既要注意表现色彩在空间中的层次性与协调性，又要考虑到色彩对于病人心理情绪产生的变化以及对于治疗的功能。科学合理的色彩搭配，能够营造良好的就医环境，达到积极治疗效果；随意混乱的色彩搭配，不仅让人产生视觉疲劳，严重的会使病情加重。

第8章
成功空间配色方式

识读难度：★★☆☆☆

核心概念：观察、遵循原则、避免混乱

章节导读：

　　充分了解色彩的原理，结合空间的实际情况，做出最优化的色彩设计，既要发挥色彩在空间中的作用，又要用色彩弥补空间中的不足。合理的空间色彩设计，能够创造出具有独特氛围和个性化的环境，带给人们视觉上的感官享受，令人身心愉悦。在空间色彩的设计上，要牢牢把握色彩设计的基本原则，即科学性原则和人性化原则。满足画面与构图的需要，遵循色彩的一般规律，设计出更加优秀的空间环境。

8.1 观察色彩

色彩原理是相通的，不论是浏览网页还是逛街购物，都可以对优秀的配色进行采集，丰富和补充自己的素材库，可以让空间设计更加得心应手，并且能够得到新的思路等。世界上没有糟糕的色彩，只有糟糕的色彩搭配，提升对色彩及色彩搭配间的观察和感知能力。

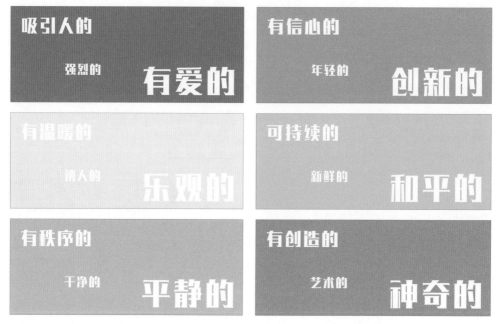

吸引人的　强烈的　有爱的

有信心的　年轻的　创新的

有温暖的　诱人的　乐观的

可持续的　新鲜的　和平的

有秩序的　干净的　平静的

有创造的　艺术的　神奇的

↑色彩的含义与情感：每种颜色带给人的感觉是不同的，在进行设计之前搞清楚每种颜色的含义与情感。

受各种因素的影响，每种颜色给人的印象各不相同，但是在进行色彩学习的时候，要学会抛开一些外在的人为因素，探寻并总结归纳每个颜色的特点。同时，对于色彩的观察不仅只是对于室内，艺术是相通的，任何形式的色彩搭配，包括服装色彩、风景色彩、网页色彩、静物摄影、美术作品等都能成为室内色彩搭配学习和借鉴的对象。

↑人物服装摄影

↑梵高静物油画

↑ 风景摄影　　　　　　　　　　　　　　　　　↑ 网页设计

BLUE | GREEN | PINK | RED

↑ 其他形式的色彩搭配：历年来，国内外对男女色彩偏好以及大众色彩偏好进行了多次的调研和总结。人们对于色彩的偏好依次是：蓝色、绿色、粉色、红色。

↑ 红色为主色的客厅。　　　　　　　　　　　　↑ 黄色为主色的客厅。

发现一张配色舒适的照片时，可以对照片中的色彩进行提取，确定合适的色彩比例，再根据颜色适宜的风格，进行室内色彩的搭配。

第1章　色彩基础

第2章　空间色彩的调整与运用

第3章　色彩印象

第4章　色彩搭配与使用人群

第5章　不同风格的色彩搭配

第6章　住宅空间配色案例

第7章　公共空间配色案例

第8章　成功空间配色方式

确定一张图片，要求配色能够带给人舒适和谐的感觉。

将图片中的色彩提取出来。

↑ 在照片中提取色彩：确定提取色的面积比，并配置新的色彩。

由于提取的色彩比较清新，可以选择将室内风格定为北欧风格。选择一些北欧风格的家具与装饰。北欧风格的家具造型简洁别致，做工精细，多使用纯色，以简约自然为主。北欧风格在空间的处理上强调室内的宽敞与通透，要求要最大限度地引入自然光线。追求设计的流畅感，整个空间给人干净、明朗的感觉，具有比较浓厚的后现代主义，代表着时尚又回归自然，在某种程度上，北欧风格的家具反映出现代人对于新时代的一种价值取向。

北欧风格的家具与装饰			
沙发	桌柜	窗帘地毯	灯具

在进行室内色彩搭配的学习中，可以多进行这种形式的色彩练习，有利于积累经验和知识，为实际的设计打好基础。

配色问题是室内色彩设计的根本问题，这也是决定室内效果优劣的关键，单个的色彩没有美丑之分。没有不好看的颜色，只有不好看的配色。室内空间的色彩效果是由不同颜色之间的相互关系决定的，所以要正确处理好色彩之间的协调关系。

8.2 遵循色彩原则

1.整体

　　室内整体的色彩设计除了对视觉环境产生影响之外，还直接影响人们的情绪和心理。恰当的处理色彩，既能够符合室内使用功能的要求，同时又能取得良好的室内效果。室内色彩除了必须要遵守一般的色彩规律外，还要跟随时代审美的变化与不同人的不同的性格而有所不同。

↑家居空间的整体性

↑商店空间的整体性

2.节奏

　　辽阔的空间感是一种很震撼的视觉和感官享受。空间设计就是在整体中产生变化，在变化中走向整体。通过对色彩节奏变化的处理，使整体中有变化性，纯粹中有复杂性，为空间带来多样性的体验。

↑商店空间的节奏性

↑办公空间的节奏性

图解小贴士

　　心理学家曾做过很多研究，有的人是从体质中衍生出色彩直觉，有的人是从思想情感衍生出色彩偏向。能够根据人的行为活动反映出其个性和特点，从而分析出他所偏爱的色彩。成年人的色彩偏好与个性往往是同步进行的，并且具有相对稳定性，色彩是他们内心世界的一种反映。人的性格可分为内向和外向两种类型。性格内向的人往往喜欢较为柔和的冷色系，素雅的色彩能够让这类人群得到心理上的安全与稳定；性格外向的人无论是从生理上还是心理上，都会觉得柔和的色彩过于乏味单调，往往更偏爱比较强烈的暖色系或者对比强烈的色彩。

第1章　色彩基础

第2章　空间色彩的调整与运用

第3章　色彩印象

第4章　色彩搭配与使用人群

第5章　不同风格的色彩搭配

第6章　住宅空间配色案例

第7章　公共空间配色案例

第8章　成功空间配色方式

3.平衡

平衡是指物体或系统的一种状态，一般而言，平衡是指矛盾双方在力量上相抵而保持一种相对静止的状态。处于平衡状态的物体或系统，除非受到外界的影响，它本身不能有任何自发的变化。矛盾双方的力量此消彼长，绝对静止的状态不可能存在，也就是说，世界上没有绝对平衡的事物，平衡总是相对的。不平衡的室内空间不能够被人们长期适应。

↑办公空间的平衡性　　　　　　　　　　↑商店空间的平衡性

4.比例

比例是指数量之间的对比关系，或指一种事物在整体中所占的分量，用于反映总体的构成或者结构。两种相关联的量，一种量变化，另一种量也随着变化。室内设计中提到的比例通常是指物体之间形状的大小、宽窄、高低的关系。

↑酒店空间的比例

5.强调

　　强调是指特别着重或着重提出，使得观者对设计者需要表达的思想尽收眼底。在室内设计中，设计者通过整体风格或某处突出风格，在质感和触感上形成对比，使质感更加立体。不同时代元素、不同人主观感受也形成了不同的设计风格。

↑ 办公空间的强调性

↑ 医疗空间的强调性

6.和谐

　　和谐是对立事物之间在一定的条件下的具体、动态、相对、辩证的统一，是不同事物之间相同相成、相辅相成、相反相成、互助合作、互利互惠、互促互补、共同发展的关系。同时和谐也是指对自然和人类社会变化、发展规律的认识，是人们所追求的美好事物和处事的价值观、方法论。室内与室外环境的空间是一个整体，室外色彩与室内色彩相应地有密切关系，它们并非孤立地存在。将自然色彩引进室内、在室内创造自然色彩的气氛，能够有效地加深人与自然的关系。自然色彩能够与人的审美产生共鸣。室内色彩的设计可以从动、植物的色彩中提取素材，给人和谐之感。

色彩和谐

↑ 餐饮空间的和谐性

↑ 医疗空间的和谐性

第1章　色彩基础

第2章　空间色彩的调整与运用

第3章　色彩印象

第4章　色彩搭配与使用人群

第5章　不同风格的色彩搭配

第6章　住宅空间配色案例

第7章　公共空间配色案例

第8章　成功空间配色方式

8.3 避免配色混乱的方法

1.单一色的搭配

室内设计的颜色搭配最好可以是用同一种基本色下的不同色度和明暗度的颜色进行搭配，能够创造出宁静、协调的氛围。此种搭配多用于卧室，如墙壁、地板上使用最浅的色度，床上用品、窗帘、椅子使用同一颜色但较深色度，杯子、花瓶等小物品上用最深的色度。同时选用一个对比的元素增加视觉趣味。

↑单一色搭配的应用：这是一个卧室空间，主要采用了黑白灰搭配棕色，整个空间柔和沉稳，极具时尚气息。黑白灰能够与任何颜色相协调。

2.互补色的运用

将红色和绿色、蓝色和黄色等这样的补色搭配能产生强烈的对比效果。这种配色方案可使房间显得充满活力、生气勃勃。家庭活动室、游戏室甚至是家庭办公室均适合。

→办公空间的补色运用

←家居空间的补色运用

3.类似色的运用

类似色则是色彩较为相近的颜色，它们不会互相冲突，所以，室内装修颜色搭配的原则是在房间里把它们组合起来，可以营造出更为协调、平和的氛围。这些颜色适用于客厅、书房或卧室。为了色彩的平衡，应使用相同饱和度的不同颜色。

↑商店空间的类似色运用

↑家居空间的类似色运用

4.黑白灰的运用

黑白灰的搭配往往效果出众。棕色、灰色等中性色是近年来装修中很流行的颜色，这些颜色很柔和，不会给人过于强烈的视觉刺激，是打造素雅空间的色彩高手。但为避免过于僵硬、冷酷，应增加木色等自然元素来软化，或选用红色等对比强烈的暖色，减弱原来的效果。

↑商店空间黑白灰的运用

↑办公空间黑白灰的运用

5.色调平衡

对比色彩的成功运用依赖于良好的色调平衡。室内装修颜色搭配的一种应用广泛的做法是：大面积使用一种颜色，然后用少量的对比色调平衡。以暖色为主，冷色点缀，反之效果同样理想，尤其是在较阴暗狭小的空间里，这种设计方法更为合适。

↑家居空间的色调平衡

↑商店空间的色调平衡

第1章 色彩基础

第2章 空间色彩的调整与运用

第3章 色彩印象

第4章 色彩搭配与使用人群

第5章 不同风格的色彩搭配

第6章 住宅空间配色案例

第7章 公共空间配色案例

第8章 成功空间配色方式

参考文献

[1]（美）保罗·泽兰斯基，玛丽·帕特·费舍尔. 色彩[M]. 南宁：广西美术出版社，2008.

[2] 盛希希. 设计色彩基础教程[M]. 北京：北京大学出版社，2012.

[3] 史喜珍. 设计色彩[M]. 北京：机械工业出版社，2009.

[4] 陆琦. 从色彩走向设计[M]. 杭州：中国美术学院出版社. 2004.

[5] 金纬，袁珑.色彩写生的画理与画法[M]. 北京：中国建筑工业出版社，2005.

[6] 崔唯. 作为生产力的色彩[J]. 装饰，2005(12):116.

[7] 朱磊. 设计色彩[M]. 长沙：湖南大学出版社，2015.

[8] 汪臻. 设计色彩[M]. 北京：清华大学出版社，2013.

[9] 刘小超，张天舒. 设计色彩[M]. 天津：天津大学出版社，2015.

[10] 甘兴义. 水彩水粉色彩表现[M]. 武汉：华中科技大学出版社. 2011.